PCB 표면처리 기술(상)

김형록 저

■■■ 머리말

현재 PCB 산업은 전자부품 산업에서 반도체와 더불어 핵심 부품으로 없어서는 안 될 중요 부품으로 날로 발전해 오고 있다.

여러 가지 신기술들이 나오고 연구 개발되고 있으며 그 개발속도는 하루가 다르게 빨라지고 있다. 이에 따른 소재의 개발도 따라주고 있고 국산 재료들도 이제는 외국과 견주어 봐도 손색이 없을 정도이다. 또한, 설비 역시 이에 발맞추어 첨단화 되고 있는 실정이다.

또한, PCB의 제조 기술도 새로운 공법, 새로운 기술들이 나오고 있고 그에 따른 Chemical 역시 연구/개발되고 있는 현실이다.

저자는 이에 발맞추어 이번에 PCB 표면처리 기술(상)을 펴내게 되었다.

본서는 PCB에 사용되고 있는 각종 Chemical 처리에 대해서 내층 oxid 처리, 다층 Desmear 처리, 무전해 화학 동도금 (P. T. H), 전기도금, Via fill 도금, Direct Metaligation 등을 기술하였다. PCB 산업에 종사하시는 전문 Engineer, PCB 전공 학생들을 대상으로 쉽게 서술하려고 노력하였다.

아무쪼록 현장 실무에 도움이 되었으면 하고 바란다.

차기에 PCB 표면처리 기술(하)도 집필예정으로 여기서는 부식(etching), 박리(strip), finish 처리, Photoresist 관련 등으로 내용을 채울 계획이다.

이 책이 발간되기까지의 과정에서 도움을 주신 맥더미드사의 이 헌경 부장과 우전케미컬의 변 중근 사장님께 감사드리며 홍릉과학 출판사 관계자 분들께 또한 감사드리는 바이다.

저자 씀

■■■ 차 례

Chapter 01 옥사이드(oxide)

1-1 옥사이드(oxide)

1.1.1 옥사이드의 개념

1) 내층과 Pre - Preg의 밀착력 강화를 위해 처리하는 흑화 처리이다.

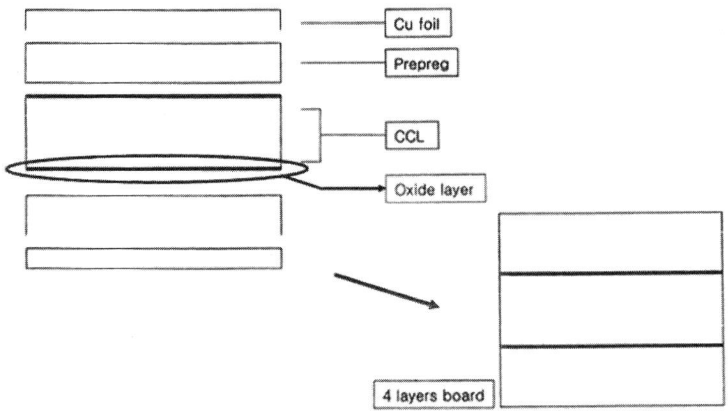

[그림 1-1] 옥사이드 처리의 의미

2) 옥사이드의 발전 역사

내층 Cu 무 처리	: 층간 경계선이 없고 주1)delamination발생
Cr Coating	: 환경문제 야기, 주2)pink ring 발생
Black oxide	: Cuo층 취약, Pink ring, delamination발생
Black oxide + reduction 또는 dissolution	: 비용고가, Pink ring, delamination 완전 방지 안됨
Brown oxide	: Pink ring, delamination방지, Impedance 및 주3)Wedge Void 문제발생
Brown oxide 2세대	: Pink ring, delamination, Wedge Void, Impedance 문제 해결

주1) delamination은 다층 PCB 내의 층간, Pre-preg간 벌어져 분리되는 불량을 말한다.
주2) Pink ring은 다층 PCB 내의 내층 옥사이드층이 산성분에 의해 용해되어 나타나는 불량을 말한다.
주3) Wedge Void는 Pink ring에 의한 홀 속 내층 부위의 도금이 스며들어 홀속에 쐐기를 연상하는 홀 속 도금 불량을 의미한다.

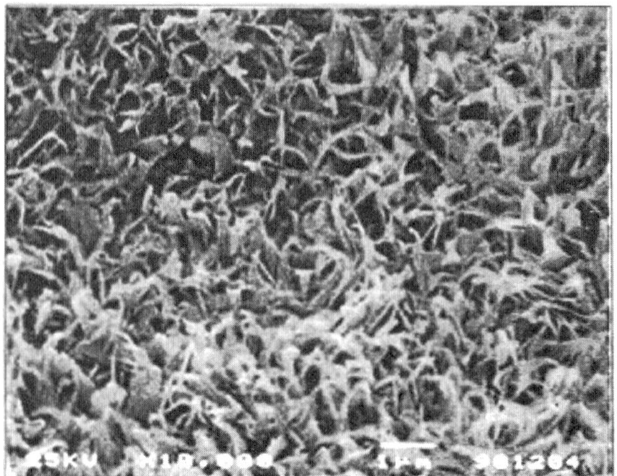

Black oxide (X10000)

[그림 1-2] Black oxide SEM 사진

1.1.2 Black oxide 공정

1) Black oxide 공정 flow

Cleaner	: 표면 세정
Soft etching	: 표면 거칠기 형성
Pre-dip	: 활성화, oxide액 오염방지
oxide	: 산화층 형성
Post dip	: 환원 또는 용해(산에 대한 저항성 향상)
Dry	: 건조

2) Black oxide는

$Cu(O) \rightarrow Cu_2O, CuO$ 를 형성시킨다.

oxidation

3) Black oxide의 목적은 Cu의 표면적의 증가에 따른 밀착력을 향상함과 동시에 확산 계층을 형성하는데 있다.

4) Black oxide 피막 생성 원리

① Black oxide 피막은 일반적으로 CuO와 Cu_2O가 혼재되어 있으며 용액의 농도, 온도, 시간 등의 조정을 통해 CuO와 Cu_2O의 비율, 색상, Crystal 구조 등을 조절할 수 있다.

② 주 반응식은 다음과 같다.

$2Cu + ClO_2 \rightarrow Cu_2O + ClO$ (Brown oxide)

$Cu_2O + ClO_2 \rightarrow 2CuO + ClO$ (Black oxide)

③ 반응에 따른 색상 변화는 다음과 같다.
Cu 색상 ➜ red ➜ Brown ➜ Black

5) Brown oxide와 Black oxide의 비교

[도표 1-1] Brown oxide 및 Black oxide의 비교표

	Brown Oxide	Black Oxide
Oxide needle	Cu_2O 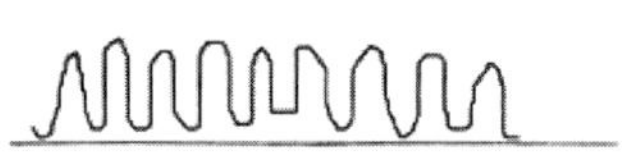	CuO 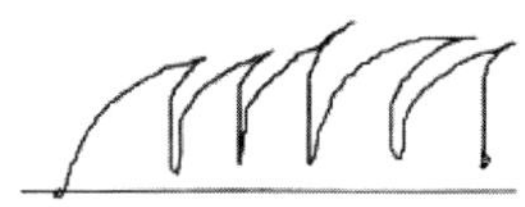
	끝이 뭉툭하여 길이가 짧음	끝이 비늘처럼 뾰족하고 표면돌기가 거칠며 크기가 큼
Thickness	얇음 (0.2mg/Cm^2)	두꺼움 (0.2mg/Cm^2)
접착력	우수	Brown 보다 떨어짐
균일도	보통	균일
Pink ring 저항력	좋음 (산에 강함)	약함 (산에 약함)

6) Post dip(dissolution type)

Post dip의 dissolution type 처리 전 · 후의 모습을 도식화하면 다음과 같다.

[도표 1-2] Post dip(dissolution type)의 처리 전·후 비교표

Step	Before oxide process	After Oxide only	Oxide + Postdip
Proceed	→	→	→
Surface status	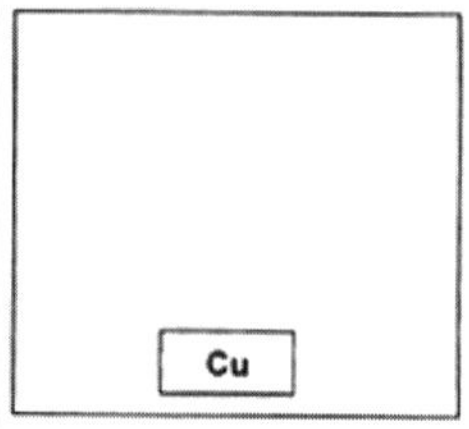	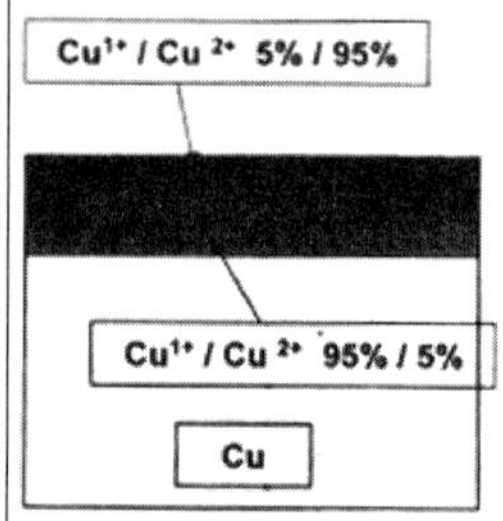	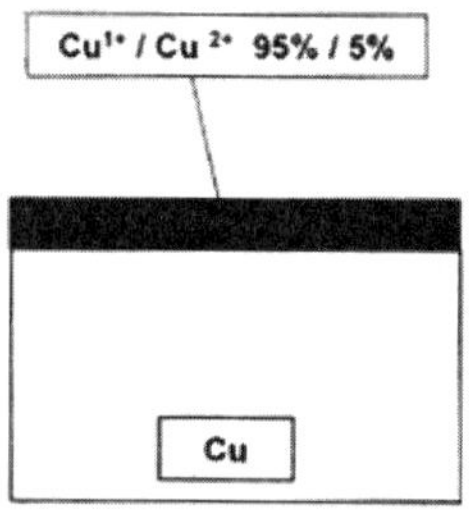

1.1.3 multi bond 공정

1) multi bond 공정 flow

- Cleaner : 표면 세정
- Pre-dip : 활성화, multi bond 오염방지
- Multi bond : micro etching과 동시에 유기금속 코팅
- Post dip : 부산물 제거
- Dry : 건조

2) multi bond 내의 반응

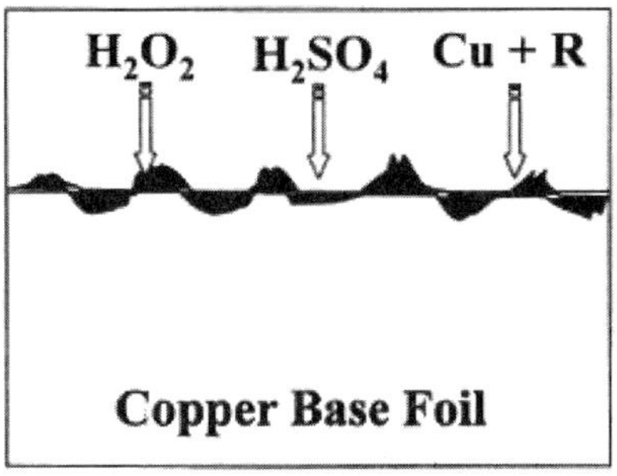

$$Cu + H_2O_2 \longrightarrow CuO + H_2O$$

Oxidation

$$CuO + H_2SO_4 \longrightarrow CuSO_4 + H_2O$$

Oxidation

[그림 1–3] multi bond 반응도

3) multi bond 성능

① multi bond 표면 상태

SEM photos (ER: 1.0 um)

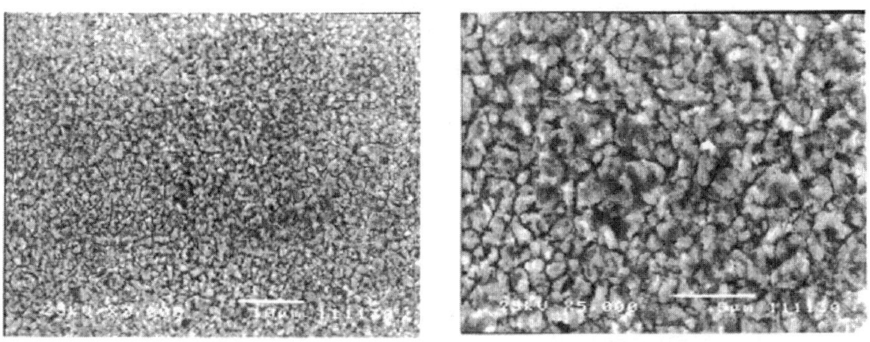

X 2000 X 5000

[그림 1–4] multi bond SEM 사진

② peel Strength

Test Solder pot floating 288℃, 10sec(1cycle) 조건임

Cu농도	etch rate(㎛)	Thermal shock	0cycle	2cycle	4cycle	6cycle	12cycle
30g/L	1.02	peel strength(kgf/㎝)	0.82	0.88	0.84	0.76	0.52

③ Delamination test

Test는 288℃, Solder pot에서 실시함

세부조건은 288℃, 10sec, 5cycle(dipping) 및 288℃, 7분(floating) 모두에서 delamination 발생이 없었음

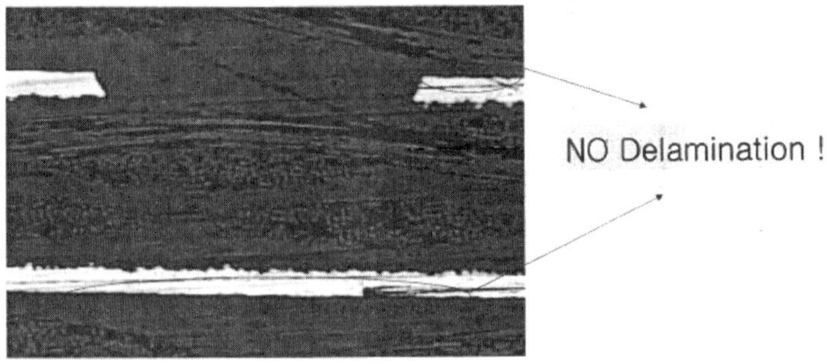

➢ after 12cycle floating @ 288℃

➢ 1cycle : 10 sec

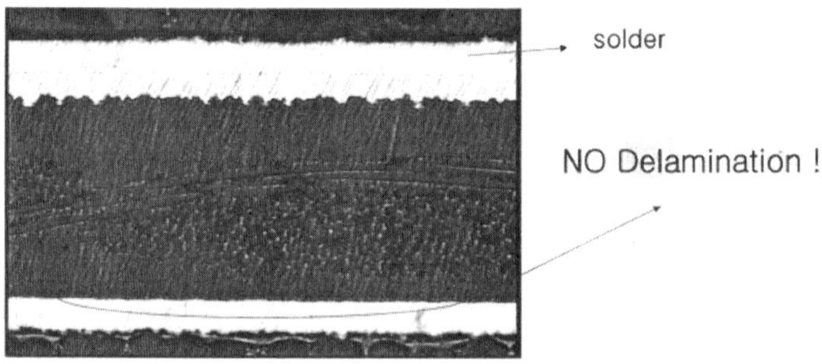

➢ after 12cycle floating @ 288℃

➢ 1cycle : 10 sec

[그림 1-5] Thermal Shock Delamination test 사진

④ 내산성

Test는 50% 염산에 dipping하여 진행함

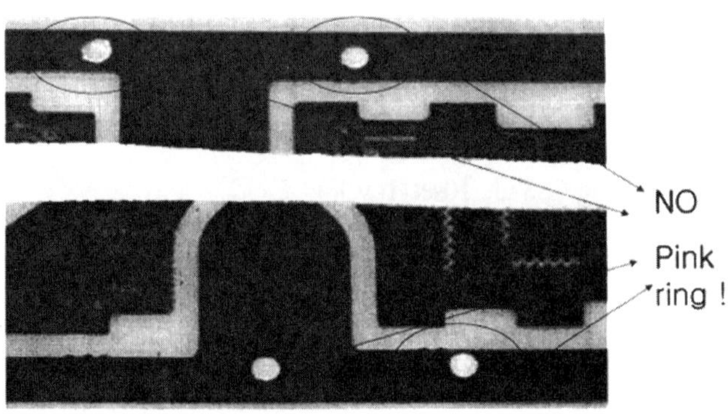

➢ 50% HCl, 3hrs , Dipping

[그림 1-6] 내산성 Test 사진

1-2 고신뢰성 Multi Bonding system

1.2.1 개요

1) PCB 산업은 현재 high frequency요구로 가고 있다. 이것은 resin의 Low Dk, Low Df 및 195℃ 이상의 high Tg화가 필요하다.

2) 내층 Bonding 재료의 변화도 함께 한다.

① Black oxide는 높은 peel strength,외관이 뚜렷하고 열적 신뢰성이 우수하지만 Pink ring, wedge void에 취약한 단점이 있다.

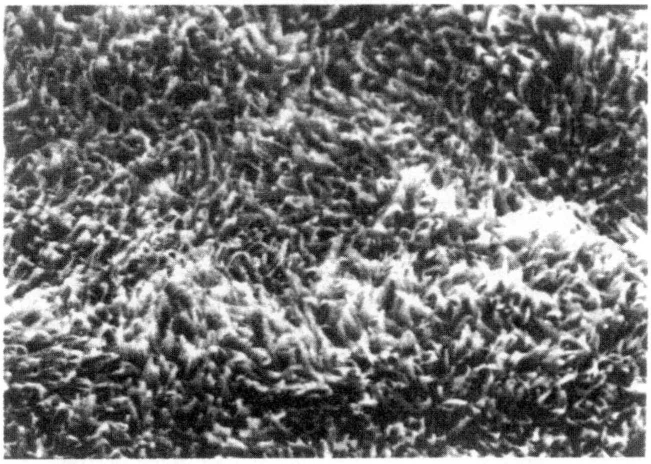

[그림 1-7] Black oxide 표면 사진 (10,000배율)

② 수평 Multi Bonding process가 개발되었다.
즉, White oxide로 alkali cleaner ➜ micro etching ➜ immersion Tin ➜ organo silane 처리로 이루어진다.

③ 개량된 oxide들은 pink ring, wedge void 발생을 방지하고, Low profile은 여러 번의 적층 cycle에 내성을 띠며, peel strength는 black oxide 보다 떨어지나 열적 신뢰성은 양호한 것으로 나타났다.

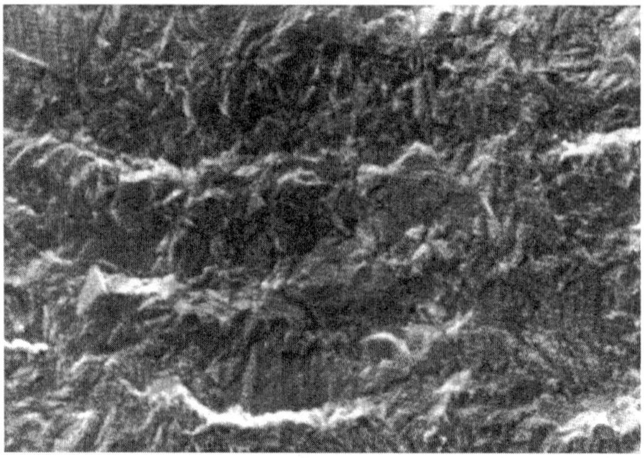

[그림 1-8] white oxide 표면사진(5,000배율)

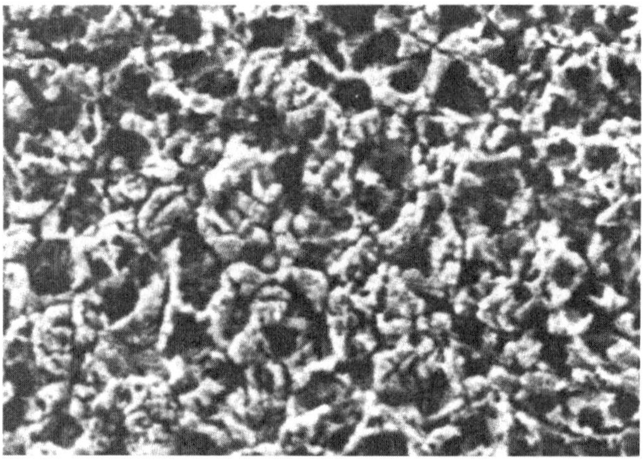

[그림 1-9] 개량된 oxide 표면사진(5,000배율)

1.2.2 실험 및 결과

1) 실험

① micro etch의 표면 거칠기 효과를 알아보았다.

② tin oxide의 효과를 알아보았다.

③ silane의 효과를 알아보았다.

[도표 1–3] DOE변수와 항목

Variable	Low	Mid	High
M.E.	Peroxide	Persulfate	IGE
Silane	Without	-----	With
Tin	Without	-----	With

[도표 1–4] 수평 atotech장비로 처리된 조건

Process	Delivery	Time
Alkaline cleaner	Spray	30s
Triple C/F Rinse	Spray	30s
Activator	Flood	15s
IGE	Flood	60s
NaPS	Spray	60s
Peroxide/Sulfuric	Spray	60s
Triple C/F Rinse	Spray	30s
Immersion Tin	Spray	45s
Fresh Rinse	Spray	15s
C/F Final Rinse	Spray	15s
Air Dry	AFD	15s
Silane Post-Treat	Spray	15s
Hot Air Dry	AFD	30s

[도표 1–5] peel strength의 Micro etch 효과의 평균과 표준 범위

Level	Number	Mean	Std Dev
IGE	16	5.54086	1.38948
NaPs	16	3.41964	1.93304
Peroxide	16	2.69500	2.10001

2) 결과

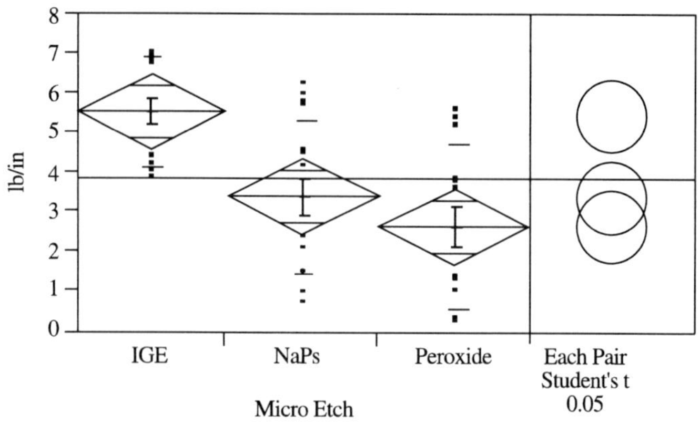

[그림 1-10] peel strength의 Micro etch 영향

위 그림 1-10과 도표 1-5에서 보면 IGE의 micro etching 처리된 white oxide가 peel strength가 가장 높은 것으로 나타났다.

그림 1-11과 도표 1-6은 Tin 처리 유. 무에 따른 peel strength 영향에 관련된 것으로 Tin 처리한 것이 peel strength가 높은 것을 알 수 있다.

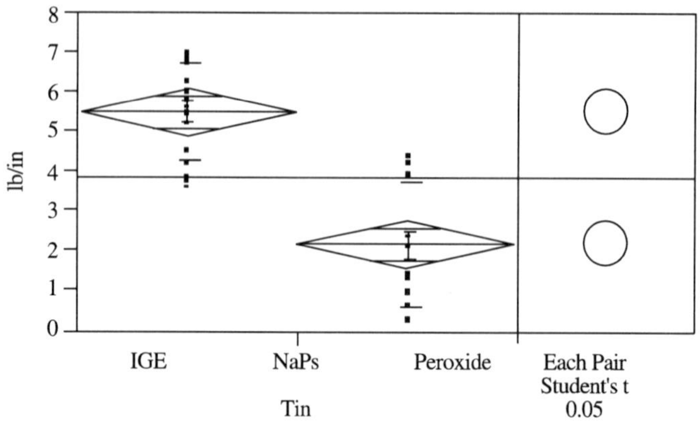

[그림 1-11] peel strength의 Tin의 영향

[도표 1-6] peel strength의 Tin의 효과의 평균과 표준 범위

Level	Number	Mean	Std Dev
With	24	5.54252	1.21249
Without	24	2.22781	1.55328

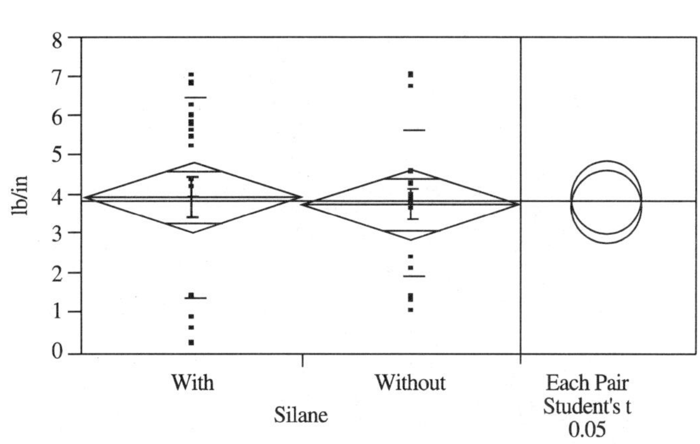

[그림 1-12] peel strength의 silane의 영향

[도표 1-7] peel strength의 silane의 Silane 효과의 평균과 표준범위

Level	Number	Mean	Std Dev
With	24	4.00367	2.51840
Without	24	3.76667	1.80102

위 그림 1-12와 도표 1-7에서는 silane의 peel strength 영향에 대한 부분으로 silane 처리는 peel strength에 영향을 거의 주지 않음을 알 수 있다.

① 표면 형상, micro etch, immersion Tin이 Silane 처리가 없는 경우에 peel strength에 중요한 역할을 한다는 것을 알 수 있다.

② silane은 모든 resin과 호환하고, press cycle 동안 상호면의 Bonding력에 상승효과를 준다.

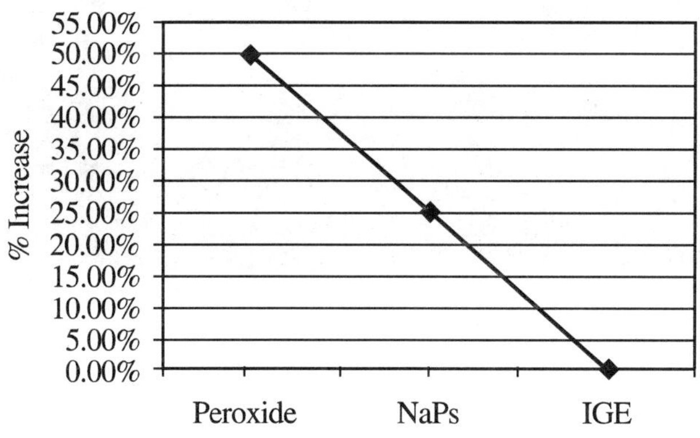

[그림 1-13] 표면 형상, silane의 반비례 관계

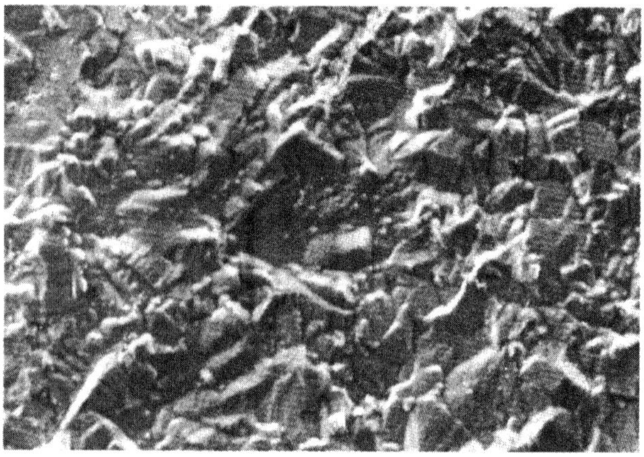

[그림 1-14] NaPs 표면의 SEM 사진

[도표 1-8] 표면의 Ra값

Surface	Ra
Peroxide	1000
NaPs	1800
IGE	2500

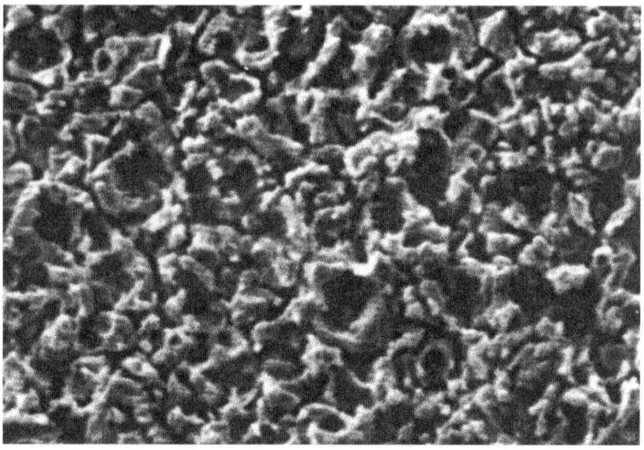

[그림 1-15] Tin 도금된 I GE 표면의 SEM사진 (5,000배율)

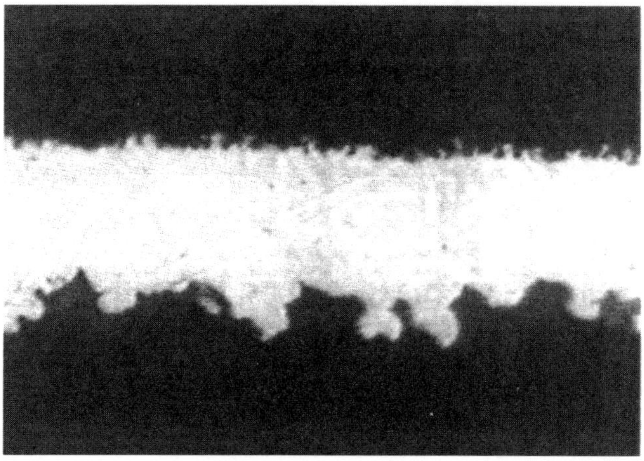

[그림 1-16] 내층 표면에 형성된 finger형상의 구조 (Tin Oxide 후 press cycle 동안)

1.2.3 요약

1) IGE etch는 high Tg resin의 Multi Bonding에 큰 효과가 있다.
2) IGE 위의 immersion Tin Coating은 Bonding 신뢰성에 큰 효과가 있다.
3) White Tin Oxide는 높은 내 산성, Pink ring의 완전 방지 효과를 갖는다.
4) 금속 경계면(Cu/Tin)에서의 빠른 반응 발전은 열 쇼크/열 충격에 뛰어난 효과를 보인다.

Chapter 02 Desmear(디스미어)

2-1 Desmear(디스미어)

2.1.1 개념

1) 드릴 절삭부스러기 및 홀 벽에 느슨하게 붙어있는 물질(smear)을 제거해 주는 역할을 한다.
2) 과망간산칼리의 침투를 용이하게 해주어야 한다.

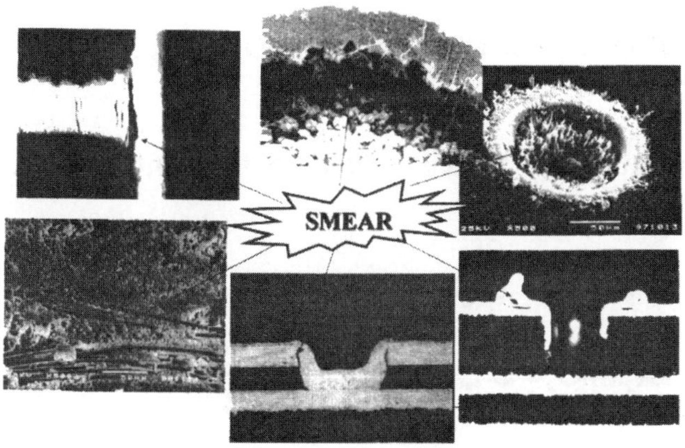

[그림 2-1] Smear의 모습

2.1.2 공정별 Key Point

1) Sweller

- Tg와 관련해서 신뢰성을 향상시킨다.
- Small hole wetting이 중요하다.
- 낮은 온도 조건에서 작업이 진행되는 것이 중요하다.
  (솔벤트 손실을 줄일 수 있기 때문)
- 보통 70 - 80℃, 3 ~ 10분 처리가 기본이다.
- Smear를 침투 팽윤시켜주는 중요한 공정이다.

2) Desmear

- 내층의 Cu 표면과 홀 벽으로부터 Smear를 제거하고 절연층을 민감하게 유도하는 것이 중요하다.
- 연속적인 도금 공정의 밀착력을 향상시켜주기 위해 절연층 표면의 미세 요철을 형성해 주는 것이 중요하다.

- 재생 공정이 중요하다.
  - 반응을 유지하기 위해서는 알카리 과망간산칼리가 연속적으로 재생되어야 한다.
  - 재생 반응은 망간 부산물을 줄이고 Small hole 내 용액의 소통을 향상시키므로 Sludge 형성을 방지시켜야 한다.
  - 재생반응은 용액 수명을 늘려주고, 작업 단가를 낮추고, 신뢰성을 향상시켜 주어야 한다.
- 원리는 다음과 같다.

☆ $4KMnO_4 + 4KOH \longleftrightarrow 4K_2MnO_4 + 2H_2O + O_2 \uparrow$
(red-violet) (green)

① $12KMnO_4 + 14KOH + CH_4 \longrightarrow 12K_2MnO_4 + K_2CO_3 + 9H_2O$

② $2K_2MnO_4 + 2H_2O \longrightarrow 2MnO_2 \downarrow + 4KOH + O_2 \uparrow$

③ $2K_2MnO_4 + O\text{-}O + H_2O \longrightarrow 2KMnO_4 + 2KOH$
(green) (red-violet)

[그림 2-2] Desmear 반응식

- 표준 작업 조건은 다음과 같다.
  - 온도는 60 ~ 90℃ 이다.
  - 처리시간은 5 ~ 20분 정도이다.
  - 최대 비중은 1.18 정도이다.

3) Neutralizer

- 절연체 표면으로부터 망간 침전물을 제거 시킨다.
- Cu 표면으로부터 산화물을 제거 시킨다.
- 유리 섬유를 세워준다.
- 원리는 산성분이 MnO_2^+를 용해시키기 위해 모든 망간 복합물을 전환시켜준다.
- 반응식은 $MnO_4^-, MnO_4^{2-}, MnO_2^+ + \text{Neutralizer} \rightarrow tmMn^{2+} + H_2O$ 이다.
- 표준 작업 조건은 다음과 같다.
  - 산 농도는 6 ~ 30% 정도를 사용한다.
  - 온도는 60℃ 전후가 일반적이다.
  - glass etch률은 2 ~ 4% 정도이다.
  - 처리시간은 4 ~ 6분 정도이다.

Desmear 처리 전　　Desmear 처리 후

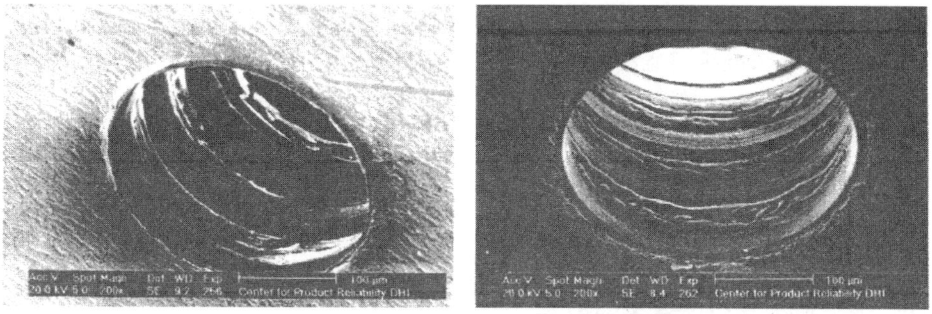

[그림 2-3] Desmear 처리 전·후 홀 사진

Desmear 처리 전　　Desmear 처리 후

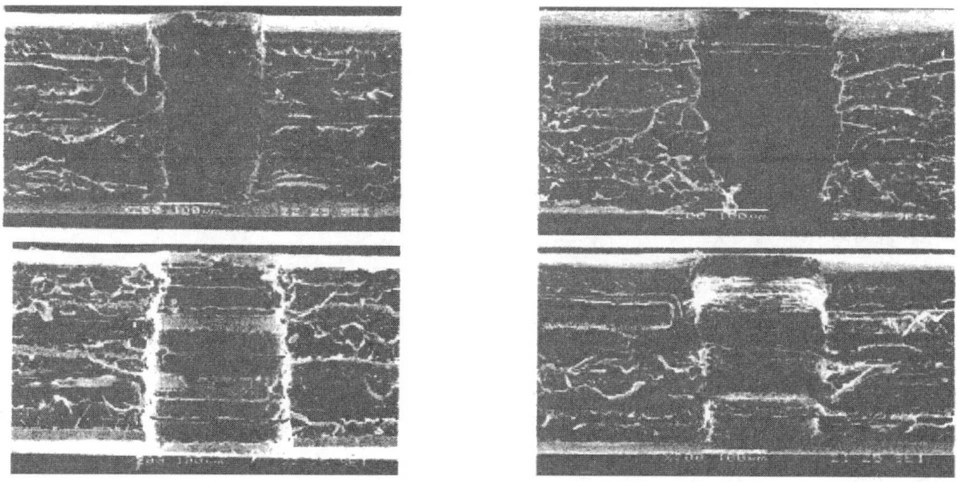

[그림 2-4] Desmear 처리 전·후 홀 X – Secion 모습

2.1.3 설비적 측면

1) Sweller

- Stainless steel 구조로 부식을 근본적으로 방지해야 한다.
- fluid wedge 타입을 적용해야 한다.
- 초음파 처리 적용이 유효하다.
- 여과 System이 필수이다.

2) Desmear

- Stainless steel 구조로 고온과 부식에 견뎌야 한다.

- fluid wedge 타입 적용이 필요하다.
- 전기재생 장치가 필요하다.
- 초음파 처리가 유효하다.

3) Neutralizer

- PP로 구성되어야 한다.
- over flow system을 채택한다.

2.1.4 Desmear 방식 종류별 차이점

[도표 2-1] Desmear 방식 종류별 차이점

	과망간산	플라즈마	황산	크롬산
소구경의처리	○	×	×	△
처리후 표면	○	×	×	△
액 관리성	△	○	×	○
액 안정성	○	○	×	×
생산성	○	×	○	○
친 환경성	△	○	○	×
COST	△	○	○	×
종합평가	○	△	×	×

(보기)
○ : 양호
△ : 보통
× : 불량

2.1.5 기타

1) 설비면에서 수평 Line이 수직 Line 보다 Cost 절감 효과가 30 ~ 40% 정도가 된다.
2) 절연체가 high Tg, Low Dk로 감에 따른 대응이 필요하다.
3) HDI PCB에 맞는 Desmear 약품의 개발이 필요하다(Small hole 및 BMV hole등에 대처).
4) Cost를 내릴 수 있는 방안이 필요하다.
5) 생산성을 높이고, 자동화할 수 있는 System이 필요하다.

2-2 Desmear 공정(Sweller 종류별)

2.2.1 개념

1) Desmear는 홀 속의 Smear 제거와 etching이 됨으로써 Cu와 홀 속의 밀착력 향상을 위해 처리한다.

2) 처리종류
   ① 농황산 처리
   ② Chrome 산 처리
   ③ Permanganate 처리
   ④ Plasma etching
3) 근래에 절연체 종류의 다양화에 따른 desmear의 어려움이 발생되고 있다. FR - 4, FR - 5, FR - 406, BT resin, halogen free의 desmear 조건별, roughness, 처리정도, 무게손실, 신뢰성평가 등을 체크하였다.

2.2.2 재질별 Desmear 처리 Test

1) FR - 4(Tg ; 125°C), FR - 5(Tg ; 170°C), FR - 406(Tg ; 170°C), BT(Tg ; 185°C), halogen free 등 재질별 Test를 실시하였다.
2) Desmear 처리 전 Drilling, Scrubbing 처리를 동일하게 실시하였다.
3) Test 조건

세 가지 종류의 Sweller(Hole cleaner A/B, Solvent II, Hole cleaner360)를 농도, 온도, 처리시간별로 Test를 실시하였다.

[도표 2-2] Desmear Test 조건표

스웰링 온도	스웰러 농도	스웰링 시간	스웰러
55°C	20 %	3 min	Hole Cleaner A/B
		6 min	
	45 %	3 min	
		6 min	
	70 %	3 min	
		6 min	
	20 %	3 min	Solvent II
		6 min	
	45 %	3 min	
		6 min	
	70 %	3 min	
		6 min	
	20 %	3 min	Hole Cleaner 360
		6 min	
	45 %	3 min	
		6 min	
	70 %	3 min	
		6 min	
70°C	20 %	3 min	Solvent II
		6 min	

	45 %	3 min	
		6 min	
	70 %	3 min	
		6 min	
	20 %	3 min	Hole Cleaner 360
		6 min	
	45 %	3 min	
		6 min	
	70 %	3 min	
		6 min	

Desmear 조건 : Mn_7^+ = 110g/l ; NaOH = 35g/l ; 온도 = 75°C ; 시간 = 2.5 = 2.5 × Swelling
중화 조건 : 중화제 10% ; H_2SO_4 ; H_2SO_4 = 5% : 온도 = 45°C ; 시간 = 3 min

[도표 2-3] PTH와 전기동도금 공정 flow

공 정	액 욕	농 도	온 도	시 간
PTH	크리너 콘디셔너	ML-371 8%	60°C	5 min
	수세		RT	2 min
	산세	H_2SO_4 5%	RT	1 min
	수세		RT	1 min
	마이크로 에칭	Co-Bra Etch Mack Up 3% Co-Bra Etch II 1% H_2SO_4 10% H_2O_4 4%	35°C	1 min
	수세		RT	1 min
	준촉매	PD-472 220g/l HCI 2%	RT	1 min
	촉매	C-473 3% PD-472 220g/l HCI 3%	45°C	5 min
	수세		RT	1 min
	활성화	A-676 15%	RT	3 min
	수세		RT	1 min
	무전해 동도금	2077-A 8% 2077-M 10%	RT	12 min
	수세		RT	2 min
Cu Plating	산세	H_2SO_4 5%	RT	1 min
	동도금	H_2SO_4 250g/l $CuSO_4$ 70g/l Cl-60ppm PC-626 20ml/L	RT	25 ASF 45 min
	수세		RT	1 min

2.2.3 Test 결과

1) Weight loss

[도표 2-4] Weight loss 결과

스웰링 온도	스웰링	스웰러 농도	스웰링 시간	FR-4	FR-5	FR-406	BT	Halogen Free
55°C	Hole Cleaner A/B	20 %	3 min	0.135	0.035	0.009	0.024	0.106
			6 min	0.171	0.064	0.025	0.038	0.180
		45 %	3 min	0.134	0.031	0.008	0.028	0.121
			6 min	0.172	0.068	0.028	0.035	0.197
		70 %	3 min	0.135	0.034	0.008	0.028	0.158
			6 min	0.184	0.068	0.024	0.037	0.198
	Solvent II	20 %	3 min	0.116	0.030	0.012	0.022	0.095
			6 min	0.156	0.060	0.026	0.033	0.191
		45 %	3 min	0.126	0.046	0.017	0.026	0.111
			6 min	0.174	0.078	0.029	0.035	0.200
		70 %	3 min	0.242	0.089	0.015	0.030	0.122
			6 min	0.472	0.135	0.034	0.032	0.216
	Hole Cleaner 360	50 %	3 min	0.123	0.043	0.017	0.030	0.116
			6 min	0.175	0.081	0.034	0.041	0.206
		45 %	3 min	0.162	0.083	0.023	0.030	0.146
			6 min	0.366	0.130	0.058	0.045	0.228
		70 %	3 min	0.175	0.151	0.044	0.036	0.137
			6 min	0.582	0.234	0.092	0.043	0.224
70°C	Solvent II	20 %	3 min	0.197	0.067	0.026	0.034	0.117
			6 min	0.235	0.099	0.055	0.046	0.211
		45 %	3 min	0.315	0.125	0.034	0.036	0.124
			6 min	0.402	0.137	0.064	0.049	0.217
		70 %	3 min	0.549	0.222	0.072	0.035	0.146
			6 min	0.996	0.320	0.194	0.044	0.280
	Hole Cleaner 360	20 %	3 min	0.301	0.094	0.045	0.032	0.146
			6 min	0.408	0.143	00079	0.066	0.258
		45 %	3 min	0.360	0.229	0.158	0.035	0.143
			6 min	0.878	0.428	0.320	0.066	0.260
		70 %	3 min	0.357	0.252	0.155	0.053	0.151
			6 min	0.875	0.428	0.315	0.062	0.281

그림 2 - 5, 그림 2 - 6, 그림 2 - 7은 FR-4의 세 가지 sweller의 농도별/처리시간별/처리 온도별 etching weight loss의 관계도로 hole cleaner A/B는 농도별, 처리시간별 차이가 없이 낮고, solvent II는 농도, 처리, 시간, 온도에 영향을 많이 받으며, hole cleaner360 역시 농도, 처리시간, 온도에 크게 영향을 받는 것을 알 수 있다. 즉, solvent II와 hole cleaner360 sweller는 농도를 높이고, 온도를 올리고, 처리시간을 많이 주면 etching이 많이 됨을 알 수 있다.

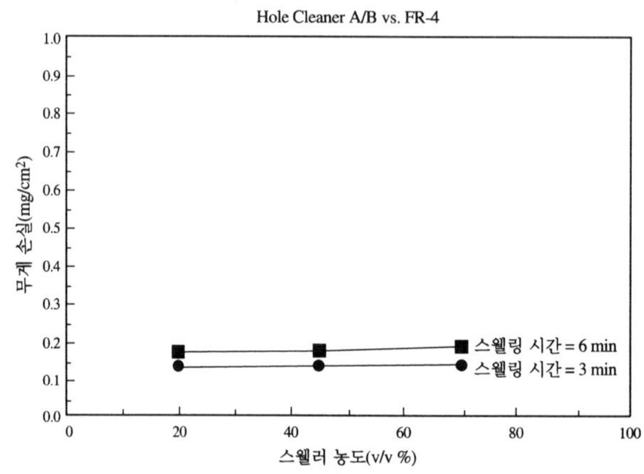

[그림 2-5] hole cleaner A/B 농도별 & FR-4의 weight loss

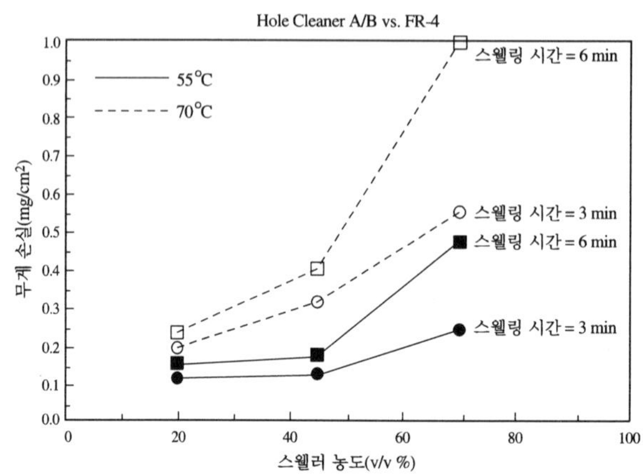

[그림 2-6] solvent II 농도별 & FR-4의 weight loss

그림 2 - 8, 그림 2 - 9, 그림 2 - 10에서는 FR - 5의 weight loss 관계도를 나타내며, FR - 4와 동일한 양상의 결과를 나타내었지만, 전체적으로 etching률은 FR - 5가 낮음을 알 수 있다. 이것은 Tg가 높기 때문으로 추정이 된다.

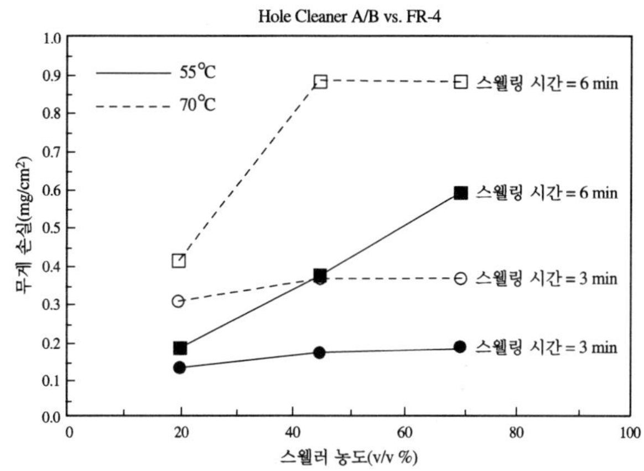

[그림 2–7] hole cleaner360 농도별 & FR–4의 weight loss

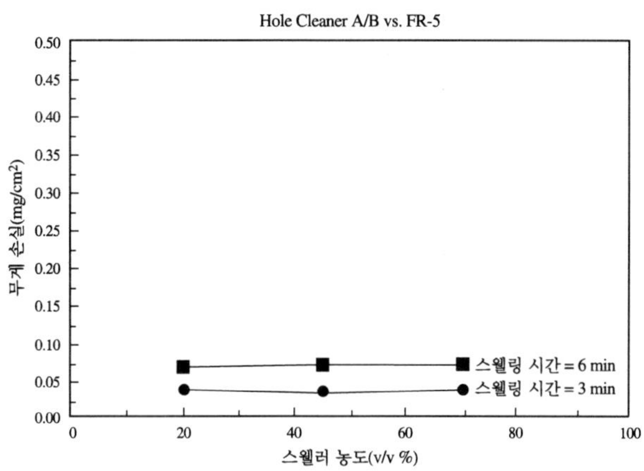

[그림 2–8] hole clear A/B 농도별 & FR–5의 weight loss

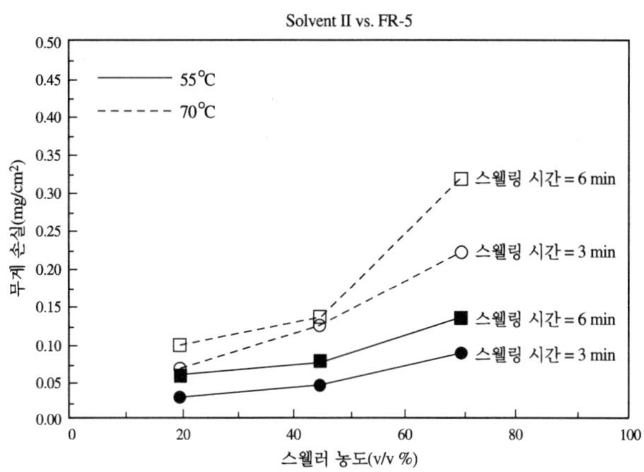

[그림 2–9] Solvent II 농도별 & FR–5의 weight loss

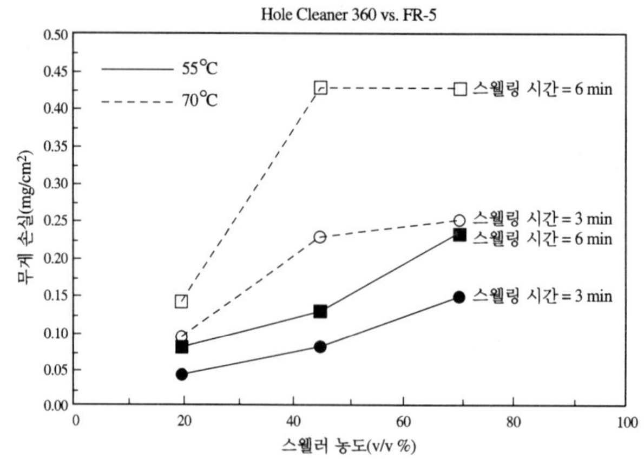

[그림 2-10] hole cleaner360 sweller 농도별 & FR-5의 weight loss

그림 2 - 11, 그림 2 - 12, 그림 2 - 13에서는 FR - 406의 weight loss 관계도로써 FR - 5와 거의 같기 때문에 결과도 거의 동일하게 나타났다.

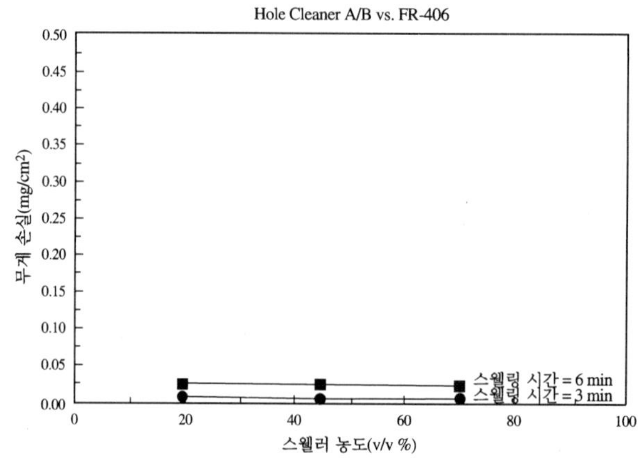

[그림 2-11] hole cleaner A/B sewller 농도 & FR-406의 weight loss

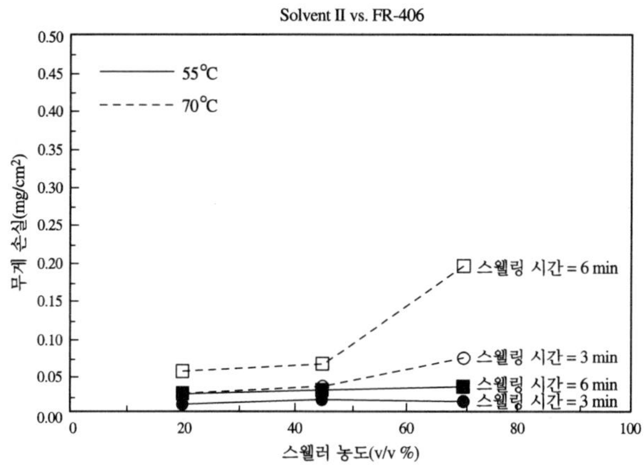

[그림 2-12] solvent II swller 농도별 & FR-406의 weight loss

그림 2 - 14, 그림 2 - 15, 그림 2 - 16는 sweller 종류별, BT의 weight loss 관계도로써 뚜렷한 차이는 FR - 5 및 FR-406 보다 전체적으로 weight loss가 낮다는 것을 알 수 있다. 이것역시 Tg가 FR - 5 보다 높기 때문인 것으로 추정되며, 특이할 만한 것은 solvent II와 Hole cleaner360의 농도와 처리시간을 늘려도 weight loss가 크게 상승하지 않는다는 것이 FR - 5와 FR - 406과는 다른 양상을 보이고 있다.

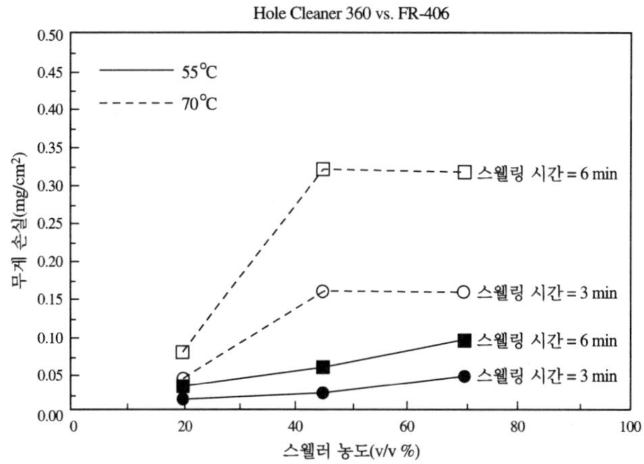

[그림 2-13] hole cleaner360 sweller 농도별 & FR-406의 weight loss

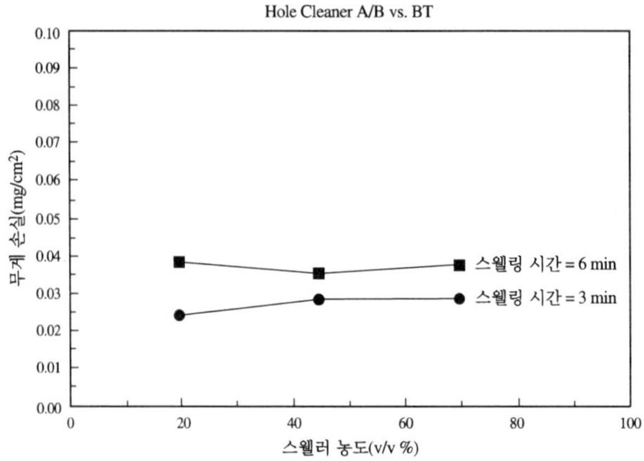

[그림 2-14] hole cleaner A/B sweller 농도별 BT resin의 weight loss

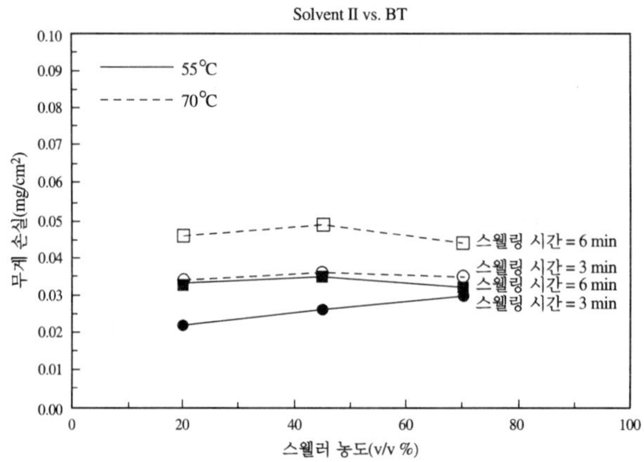

[그림 2-15] solvent II sweller 농도별 & BT의 weight loss

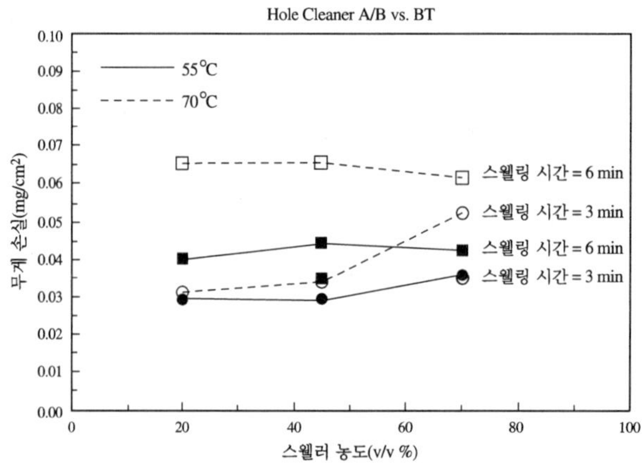

[그림 2-16] hole cleaner360 농도별 & BT의 weight loss

그림 2 - 17, 그림 2 - 18, 그림 2 - 19는 halogen free의 weight loss를 나타내며 FR - 4와 weight loss가 거의 동일함을 알 수 있다. 단, solvent II와 hole cleaner360 sweller 농도, 온도, 처리시간별 weight loss가 FR - 4 보다 덜 민감하게 처리됨을 알 수 있다.

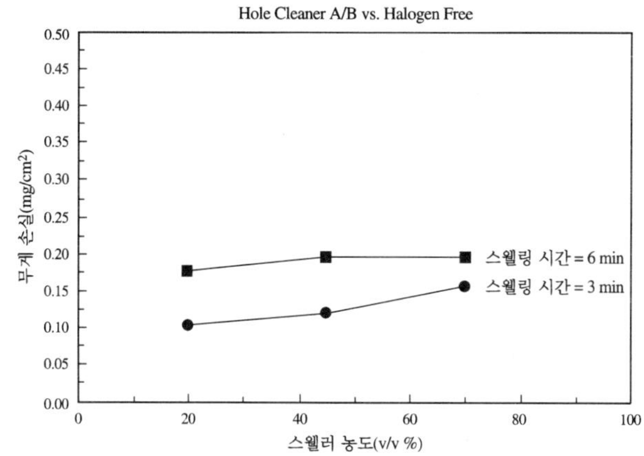

[그림 2-17] hole cleaner A/B sweller와 농도별 & halogen free의 weight loss

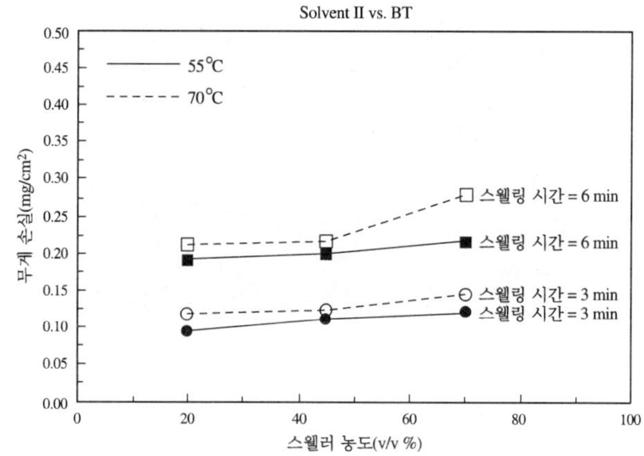

[그림 2-18] solvent II sweller 농도별 & halogen free의 weight loss

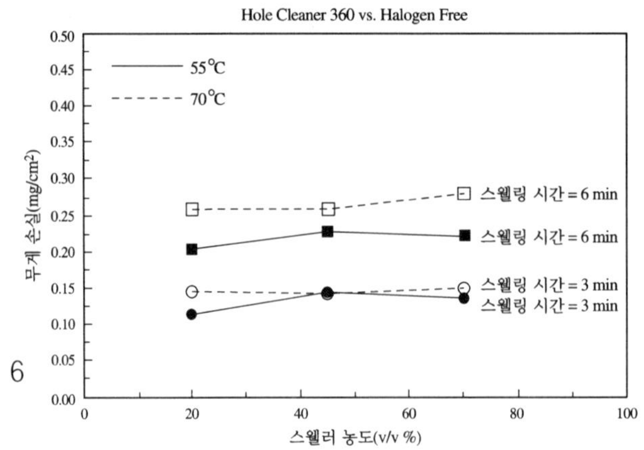

[그림 2-19] hole cleaner360 sweller 농도별 & halogen free의 weight loss

2) Micro etching

다음은 위 처리된 홀 속의 SEM 사진들을 수록하였다.

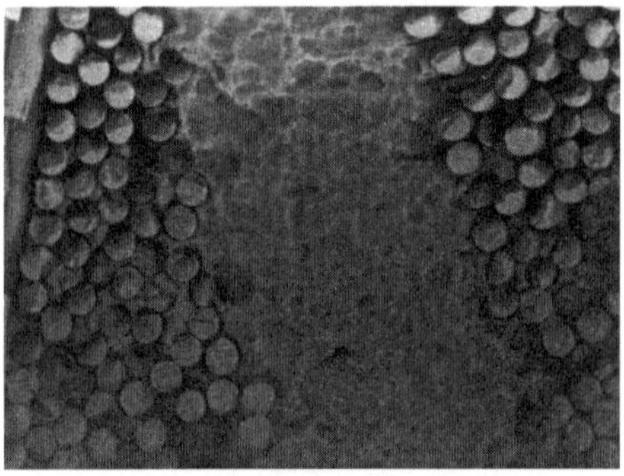

[그림 2-20] hole cleaner A/B 20%, 55°C, 6분 처리된 FR-4 홀 사진

그림 2 - 20, 그림 2 - 21, 그림 2 - 22는 동일한 hole cleaner A/B로 동일 농도로 처리하면서 온도만 차이를 두고 처리한 결과로써 70°C에서 처리한 홀 속이 55°C에서 처리한 홀 속보다 수지부에 etching이 잘 된 것을 알 수 있다.

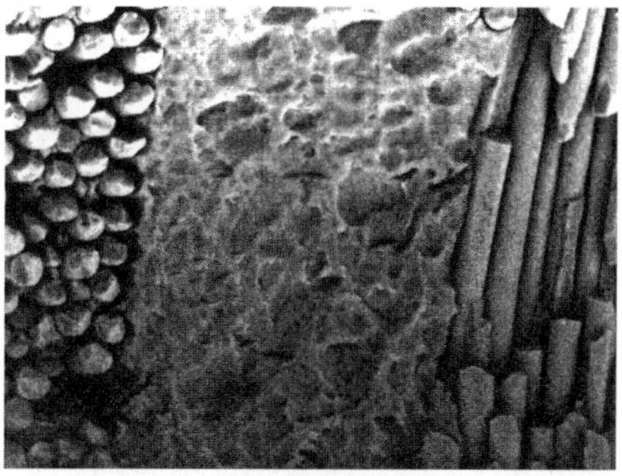

[그림 2-21] hole cleaner A/B 20%, 70°C, 6분 처리된 FR-4 홀 사진

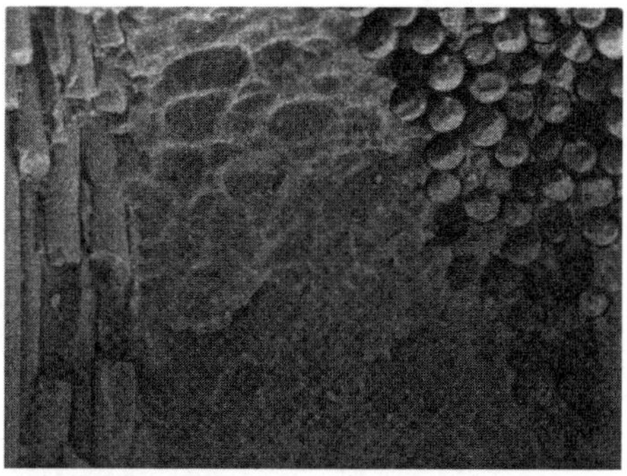

[그림 2-22] solvent II 20%, 55°C, 6분 처리된 FR-4 홀 사진

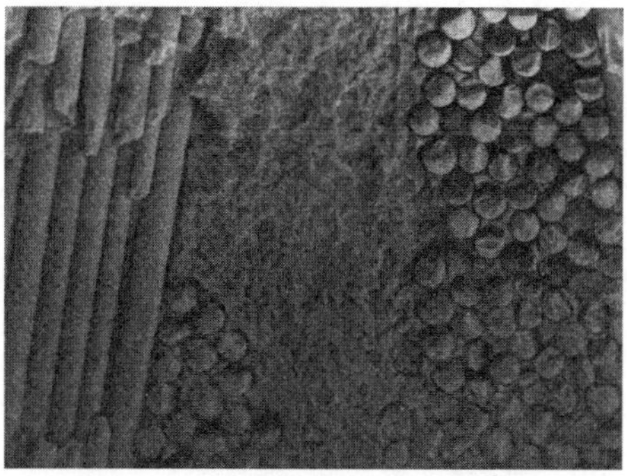

[그림 2-23] solvent II 70%, 70°C, 3분 처리된 FR-4 홀 사진

위 그림 2 - 22, 그림 2 - 23은 solvent II로 처리 시 농도, 온도, 처리시간의 차이를 두고 처리한 결과로 그림 2 - 23이 농도를 올리고, 온도도 올리고, 처리시간은 그림 2 - 22의 절반으로 처리하였지만 결과는 그림 2 - 22 보다 etching이 많이 되었음을 볼 수 있다. 이것을 FR -

4의 경우 solvent II sweller는 농도, 온도에 etching 정도가 크게 좌우함을 알 수 있다.

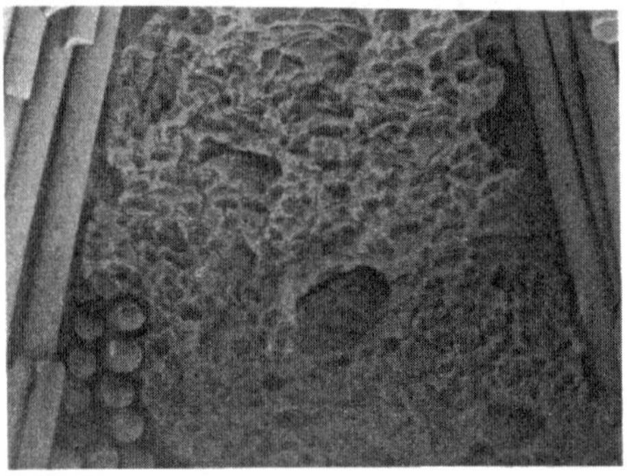

[그림 2-24] hole cleaner360 20%, 70°C, 3분 처리된 FR-4 홀 사진

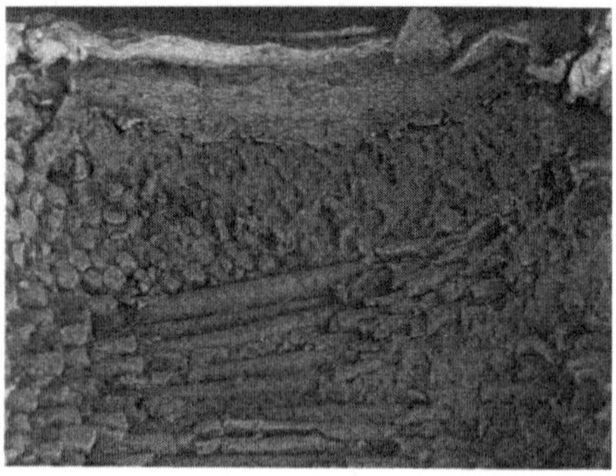

[그림 2-25] hole cleaner A/B 20%, 55°C, 3분 처리된 FR-5 홀 사진

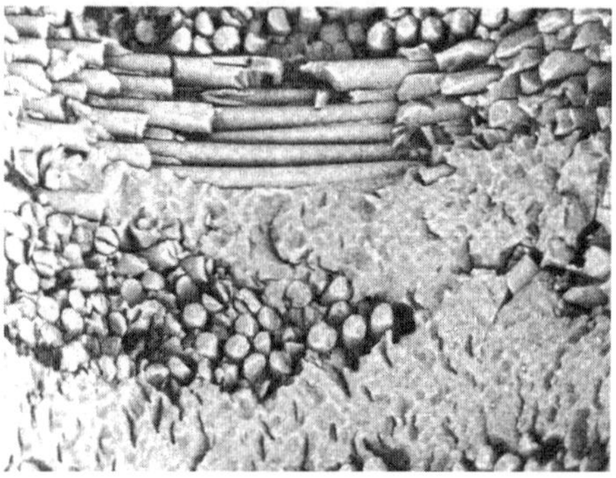

[그림 2-26] hole cleaner A/B 70%, 55°C, 6분 처리된 FR-5 홀 사진

[그림 2-27] solvent II 70%, 70°C, 6분 처리된 FR-5 홀 사진

[그림 2-28] hole cleaner360 40%, 70°C, 6분 처리된 FR-5 홀 사진

위 그림 2 - 25, 그림 2 - 26, 그림 2 - 27, 그림 2 - 28은 FR - 5의 sweller 종류별 홀 속 사진으로 그림 2 - 25는 처리가 잘 안되었음을 알 수 있고, 그림 2 - 27, 그림 2 - 28은 처리가 잘 되었음을 알 수 있다.

[그림 2-29] hole cleaner A/B 70%, 55°C, 6분 처리된 FR-406 홀 사진

[그림 2-30] solvent II 70%, 55°C,3분 처리된 FR-406 홀 사진

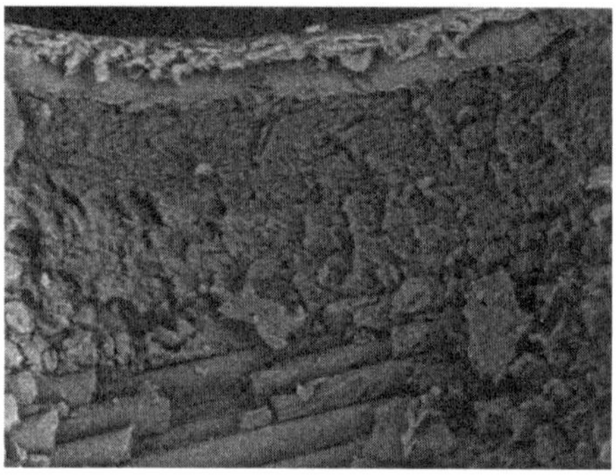

[그림 2-31] hole cleaner360 45%, 55°C, 3분 처리된 FR-406 홀 사진

위 그림 2 - 29, 그림 2 - 30, 그림 2 - 31은 FR - 5의 처리 사진과 거의 동일함을 알 수 있다.

[그림 2-32] hole cleaner A/B 70%, 55°C, 3분 처리된 BT 홀 사진

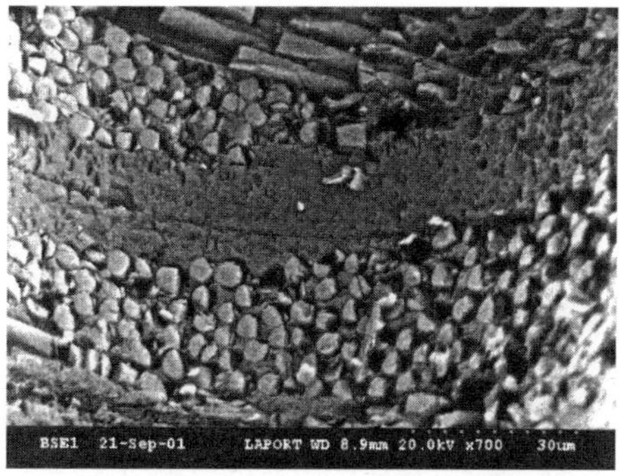

[그림 2-33] solvent II 45%, 70°C, 3분 처리된 BT 홀 사진

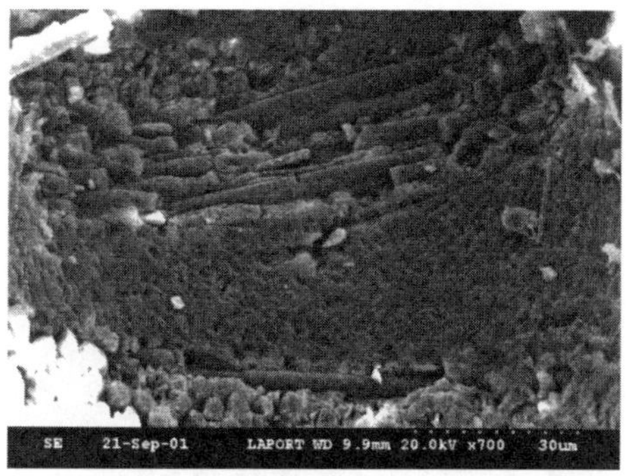

[그림 2-34] hole cleaner360 20%, 55°C, 3분 처리된 BT 홀 사진

위 그림 2 - 32, 그림 2 - 33, 그림 2 - 34는 BT의 홀 사진으로 그림 2 - 32는 거의 처리가 안 되었음을 알 수 있고, 그림 2 - 33, 그림 2 - 34 역시 처리가 미흡함을 알 수 있다. BT resin을 확실하게 처리하기 위해서는 새로운 Desmear 방식이 필요함을 알 수 있었다.

[그림 2-35] hole cleaner A/B 20%, 55°C, 3분 처리된 halogen free 홀 사진

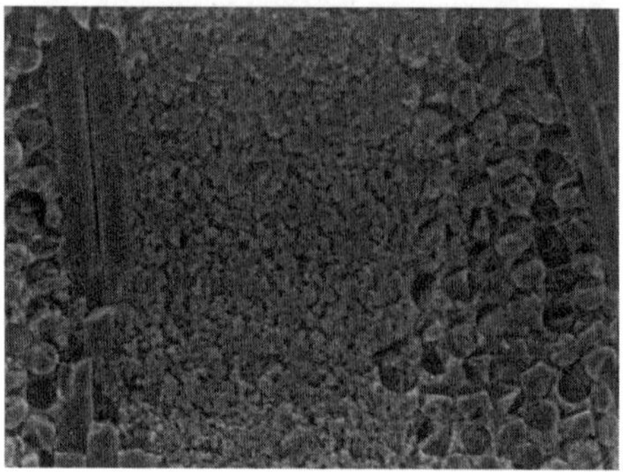

[그림 2-36] Solvent II 20%, 55°C, 3분 처리된 Halogen Free 홀 사진

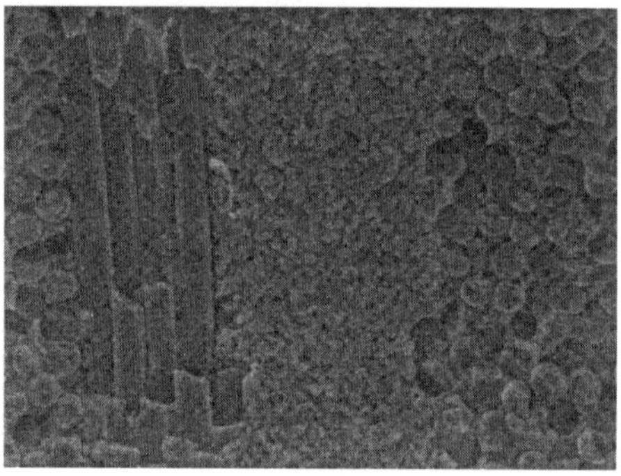

[그림 2-37] Hole Cleaner360 20%, 55°C, 3분 처리된 Halogen Free 홀 사진

위 그림 2 - 35, 그림 2 - 36, 그림 2 - 37은 Halogen Free FR - 4로 FR - 4 처리보다 처리가 약한 결과를 보이고 있음을 알 수 있다.

3) 신뢰성

위와 같이 각 Sweller의 종류별/재질별로 처리된 홀 들에 대하여 최종적으로 도금 후에 신뢰성 Test를 Solder Pot에서 Flow Test를 3Cycle 실시 후 분석되었다.

[그림 2-38] Hole Cleaner A/B 20%, 55°C, 2분 처리된 FR-4홀의 Soldering 후 사진

[그림 2-39] Solvent II 70%, 70℃C, 6분 처리된 FR-4홀의 Soldering 후 사진

[그림 2-40] Solvent II 20%, 55°C, 3분 처리된 FR-4홀의 Soldering 후 사진

[그림 2-41] Hole Cleaner360 70%, 70°C,3분 처리된 FR-4홀의 Soldering 후 사진

[그림 2-42] Hole Cleaner A/B 20%, 55°C, 3분 처리된 홀의 Soldering 후 사진

[그림 2-43] Hole Cleaner360 70%, 70°C, 6분 처리된 홀의 Soldering 후 사진

[그림 2-44] Solvent II 20%, 55°C, 3분 처리된 홀의 Soldering 후 사진

[그림 2-45] Hole Cleaner360 70%, 70°C, 6분 처리된 홀의 Soldering 후 사진

[그림 2-46] Hole Cleaner A/B 20%, 55°C, 3분 처리된 홀의 Soldering 후 사진

[그림 2-47] Solvent II 70%, 78°C, 6분 처리된 홀의 Soldering 후 사진

2.2.4 결과

1) FR - 4 ; 모든 Sweller Type에서 양호한 것으로 나타났다.
2) Glycol - ether Type Sweller(Cleaner A/B)는 FR - 4 외의 재질에는 부적절함을 알 수 있었다.
3) SolventII Sweller는 고온, 고농도에서 좋은 결과를 나타냈었다.
4) Cleaner360 ; FR - 406, FR - 5에서 저농도에서 좋은 결과를 보였다.
5) BT resin은 3종류의 Sweller에서 큰 효과가 없음을 알 수 있었으며 새로운 형식의 Desmer 처리가 필요함을 알 수 있었다.
6) Halogen Free FR - 4는 SolventII, Cleaner360의 조건 보강으로 처리하면 좋은 결과를 나타내었다.

Chapter 03 P.T.H(electorless Cu plating) : 무전해동도금

3-1 P.T.H(electroless Cu plating) : 무전해동도금

3.1.1 개념

Plated Through hole로 드릴 후 홀 속 절연층 부분을 화학적으로 도금을 하여 전기적으로 도통홀(Through hole)을 형성 시키는 공정을 말한다.

이 Through hole을 형성시키는 방법에는 크게 Direct Plating과 electroless plating의 두 가지로 나뉜다.

1) Direct Plating

홀 속에 전도도를 부여하는 방식이 무전해 동도금이 아닌 전도성 물질을 사용하여 전도성을 부여하는 도금을 말한다.

여기에는 크게 전도성 성분에 따라 전도성 Polymer를 사용하는 DMS-E, Carbon을 사용하는 Black hole, Shadow Process가 있고, Pd를 사용하는 Conductron DP, Neopack, Crimson등이 있다.

2) electroless Cu plating

무전해 동도금으로써 그 용도에 따라 Light Copper, medium Copper, heavy Copper로 나뉜다.

① Light Copper(fresh Copper, Low build Copper, 저속도금)

- 도금 두께가 0.3 ~ 0.6㎛ 정도이다.
- 적용라인은 Panel도금(Tenting 도금) Line, PTH – 전기동 in Line(Soft etching 공정이 없음)에 적용된다.
- 도금 시간은 약 15분 정도로 짧다.
- 단점으로는 무전해동도금 후에 Back Light 판독이 쉽지 않다. (Back Light test는 홀 속 Void 유 · 무를 판독하기 위해 사용된다.)

또한, 수직 Basket Line 적용시 많은 주의를 요하며, 보드 취급시 발생될 수 있는 산화막에 의해 Void가 발생할 수도 있다.

그리고 Loading factor에 유의하여야 한다. (Loading factor란 처리 tank 용액량 대비 처리 보드의 면적비를 말하고, 적정 처리매수/L가 적당해야 도금이 원활히 이루어 진다.)

- 장점으로는 가격이 싸다는 것이다.
- 일반적으로 처리온도는 상온에서 이루어 진다.

② medium Copper

- 도금 두께는 0.8 ~ 1.5㎛ 정도이다.

- 적용라인은 Pattern도금 Line(전기동 공정에서 Soft etching 공정이 있다)에 적용된다.
- 도금 시간은 약 20분 정도가 걸린다.
- 온도는 35 ~ 45℃ 정도에서 처리된다.
- 현재는 주로 heavy Copper로 대체되고 있다.

③ heavy Copper
- 도금 두께 기준은 1.5 ~ 2.5μm 정도이다.
- 적용 Line은 Pattern도금 Line(전기동 공정에 Soft etching 공정이 있다)에 적용된다.
- 도금시간은 약 30분 정도 한다.
- 온도는 45℃ 이상으로 높다.
- Basket Line(수직 Line)에 적합하다.
- 장점은 대량 생산에 유리하며, Loading factor에 덜 민감하다.
- 단점은 전기동과 in Line이 아닐 경우에 반드시 추천하는 공정이며 가격이 다소 비싸다.

3.1.2 Loading factor

1) 개념

단위 용액 부피당 부하되는 피 도금물의 표면적으로 정의한다.
즉, dm^2/L 라고 보면된다.

2) 처리별 Loading factor

Light Copper > medium Copper > heavy Copper 순으로 Loading에 덜 민감하다.

3) 도금 목적에 따른 약품 선정시 매우 중요하다.

3.1.3 처리 공정별 mechanism

1) Cleaner / Conditioner

① Cleaner
- 동박 표면의 오염물(지문, 산화, Oil등)을 제거한다.

Oil 성분은 alkaly Cleaner에 의해 제거된다.

- alkaly Cleaner는 acid Cleaner보다 세척력이 좋고, 기름을 닦아내고, 수세가 잘된다.
- acid Cleaner는 alkaly Cleaner보다 세척력이 떨어진다.

② Conditioner

- 보드 상의 epoxy(절연층) 부위에 Charge(전하)를 부여하여 금속과 비금속 사이의 전위차를 고르게 분산시키는 역할을 해준다.
- Palladium(Pd) Catalyst의 흡착이 잘되게 하는 것으로 결국 최종 electroless Cu 도금의 Coverage를 결정한다.
- 품질적으로 도금 Void 발생에 중요한 역할을 한다.

참 고 Conditioning 반응 종류

A. Surface wetting (표면 흡습력)

Pd Catalyst의 정전기적 흡착을 도모하는 기능을 갖는 film 형태의 wetting agent(계면 활성제)로 도전 부위(Cu) 및 비도전 부위(절연층)에 모두 Coating 된다.wetting agent는 film에 +전하를 띄어서 -전하인 Pd Catalyst의 흡착을 도와주도록 되어있는 것이 일반적이다.

이 원리는 Catalyst의 신뢰성 있는 흡착을 성취시켜 주는데 효과적이다.

여기서, wetting agent는 비전도 부분(절연체)에서 수세에 의해서 제거된다. 이로인해 Catalyst(Pd^-)의 흡착이 용이하지 못하여 무전해 동도금의 불완전한 Coverage를 얻게 된다.

반면, 너무 과잉의 wetting agent가 도전부분(Cu) 위에서 불충분한 수세에 의해남아 있을 경우Cu 위 Cu 도금 결합을 약화시켜 주4)Blister를 야기 시킬 수 있다.이것은Glassfiber, etchback wedge 또는 홀벽의 Catalyst 및 Soft etching 공정이후에 다시 동 표면에 남아서 불량을 야기 시킬 수도 있다는 것이다.

B. organosilane 처리

선택적으로 비전도 부위(절연층)에만 Catalyst의 흡착을 도모한다.

보드 표면과 organosilane 사이의 결합은 다음과 같다.

- organosilane : $R-Si-(OH)_3$
- glass 표면 : $-Si-OH$
- 산화 수지 표면 : $-Si-OH$
- 실제 반응

$$R-\underset{\substack{|\\ OH}}{\overset{\substack{OH\\ |}}{Si}}-OH+HO-Si \rightarrow R-\underset{\substack{|\\ OH}}{\overset{\substack{OH\\ |}}{Si}}-O-Si+H_2O$$

주4) Blister란 도금이 뜬 불량을 말한다.

이러한 공유결합은 Conditioner가 수세공정에서 수세되어 떨어져 나가는 것을 방지한다.
동시에 동 표면과 organosilane 사이에는 결합 mechanism이 존재하질 않는다.
이것은 Cu 표면을 깨끗이 하기 위한 수세 공정이나 Soft etching 공정에 크게 의존할 필요가 없다는 것이다.
Catalyst와 organosilane 사이의 끌어당김은 정전기적이다.

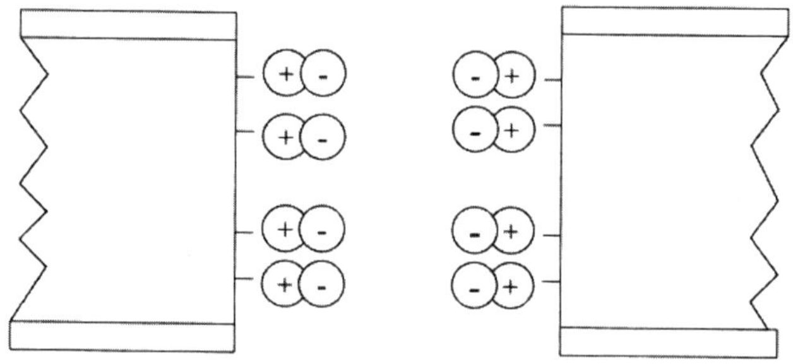

[그림 3-1] Conditioner 처리된 홀 속의 원자의 흡착 모습

2) Soft etching

동박 표면에 요철(0.5 ~ 2㎛)을 줌으로써 표면적을 증대시켜 무전해 동도금의 밀착력을 증대시키기 위한 처리이다.

그 종류에는 여러 가지가 있는데 대표적인 두 가지를 소개한다.

① 과황산암모늄$(NH_4)_2S_2O_8$ type
과황산나트륨$(Na_2S_2O_8)$

- 주 반응은

  $Cu^0 + (NH_4)_2S_2O_8 \rightarrow Cu^{2+}SO_4 + (NH_4)_2SO_4$

  여기서 $Cu^0 \rightarrow Cu^{2+}$(산화)됨으로써 부식이 된다.

- 특징
  - 과황산은 비싸지는 않지만, 자연적인 파괴에 의해 용액 수명이 짧다.
  - 특히 온도 상승 및 용액 중의 Cu 이온의 증가로 더욱 심해진다.
  - 무전해 동도금 용액 및 뒷 공정인 Catalyst 용액의 오염을 방지하기 위해 산처리 공정이 필요하다.

② 과수 · 황산 type

- 주반응은

$$Cu^0 + H_2O_2 + H_2SO_4 \rightarrow Cu^{2+}SO_4 + 2H_2O$$

여기서 $Cu^0 \rightarrow Cu^{2+}$ 로 산화됨으로써 부식이 이루어진다.

- etch rate는 온도와 H_2O_2농도, Cu농도에 의해서 변화한다.

[표 3-1] 과수-황산 type Soft etching 특성 곡선

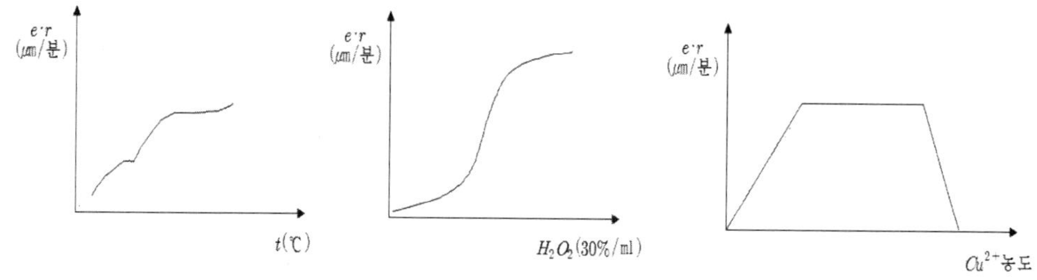

3) Pre - dip

다음 공정인 Catalyst로의 액의 유입을 차단하여 Catalyst로의 액의 유입을 차단하여 Catalyst액 오염 방지 및 Pd입자의 흡착을 도와주는 공정이다.

또한, 표면 장력을 낮춰 습윤성을 보장하고, Soft etching의 $CuSO_4$와 Cu의 산화를 제거해 주는 역할을 한다.

4) Catalyst

절연체 부위에 화학동도금을 하기 위한 핵을 형성 시키기 위한 공정으로 Pd입자를 달라붙이는 공정이다.

- 두 가지 종류의 Catalyst가 있다.
  - alkaly type의 Catalyst는 Pd/Sn의 colloidal type과는 달리 Pd이온으로 형성 되어 있다
  - 홀 속에 조밀한 Pd입자를 형성하여 우수한 Coverage 효과와 주5)Void 불량을 현저히 줄일 수 있다.
  - glass fiber 부위의 Void 불량에 유리하며 Cu위에는 Pd이온의 흡착이 거의 없어 Cu/Cu간의 밀착력을 향상시켜주고, 내층 접속 문제를 제거 시킨다.
  - 기존의 colloide type은 +2, +4가의 Sn과 Pd가 함유되어 있어 Sn을 제거하는 공정이 필요하며, Sn이 있던 자리에 Coverage가 떨어진다.
- alkali type은 염소이온은 함유하지 않기 때문에 Pink ring 발생율 및 back Plating 발생율이 거의 없다.

주5) Void란 홀 속 도금후에 도금이 안 된 부위 불량을 말한다.

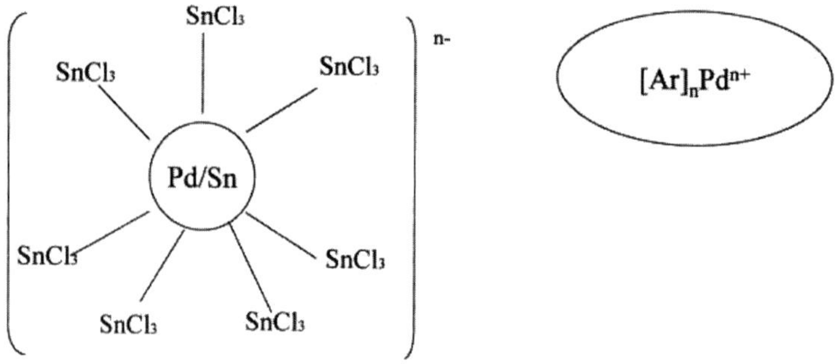

[그림 3-2] Colloide type 및 alkaly 이온 type catalyst

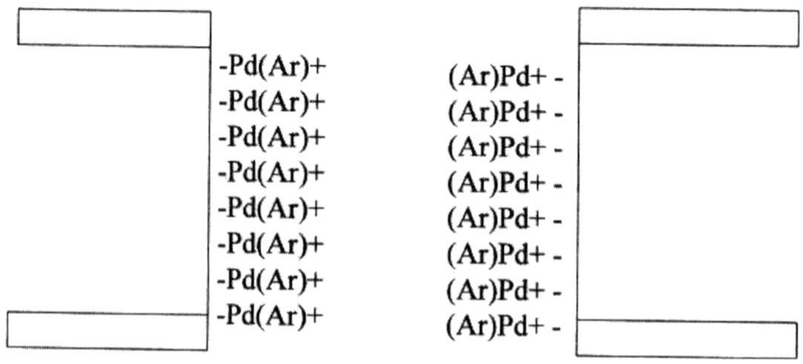

[그림 3-3] Conditioning 처리된 홀속에 Pd이온 type의 catalyst 처리된 모습

5) reducer

전 공정인 Catalyst에서 홀내에 흡착된 Pd^{2+}를 금속으로 치환하여 비 전도성 epoxy, glass fiber를 부 전도성을 만드는 공정이다.

즉, $(pd-L)^{2+} \rightarrow pd^0 + L$

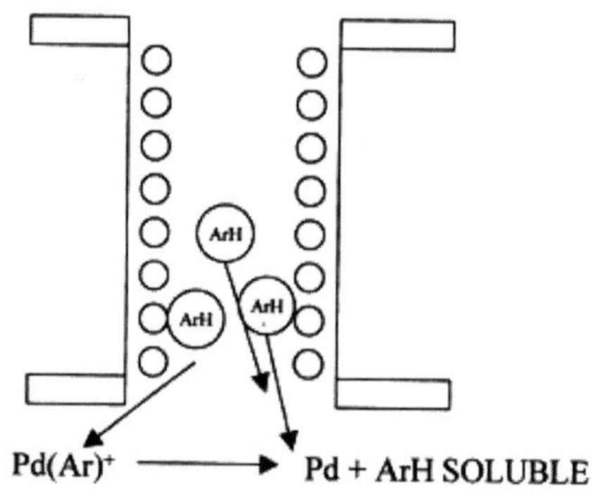

[그림 3-4] reducer 처리 모습

6) electroless Cu Plating

HCHO(환원제)를 이용하여 Pd이 흡착된 절연체 위에 동 이온을 금속 동($Cu^{2+} \rightarrow Cu^0$)으로 환원하여 석출시키는 공정이다.

즉, Cu이온, 착화제, NaOH, HCHO, 안정제를 이용하여 주반응인

$Cu^{2+} + 2HCHO + 4OH \rightarrow Cu^0 + 2HCOO^- + H_2\uparrow + 2H_2O$

에 의해 Cu금속이 석출된다.

그러나 화학동 용액의 최대 단점은 용액 자체적 반응에 의한 액 분해에 있다.

이 불안정성은 도금 중에 발생하는 부산물들 때문인데 그 원인을 살펴보면

첫째, Canizzaro 반응이다.

즉, $2HCHO + OH^- \rightarrow CH_3OH + HCO^{2-}$

화학동도금 용액의 분해는 비활성 페엘링 용액 반응(non Catalytic fehling Solution)에 의해 시작된다.

$$2CuO + R-CHO \rightarrow RCOOH + \underset{\text{(적갈색 침전)}}{Cu_2O}$$

여기서, 페엘링 용액

으로 화학동 tank 내에 석출되며 용액이 붕괴되는 것이다.

둘째, 자체 활성화 반응이다.

즉, $2Cu^{+2} + HCHO + 5OH^- \rightarrow \underset{\text{(적갈색 침전)}}{\underline{Cu_2O}} + HCO^{2-} + 3H_2O$

으로 같은 붕괴를 초래한다.

위 두 반응이 연속적으로 일어나면서

$Cu_2O + HCHO + OH^- \rightarrow 2Cu^0 + HCOO^- + H_2O$

이 진행되면서 도금액을 사용 못 하게 파괴된다.

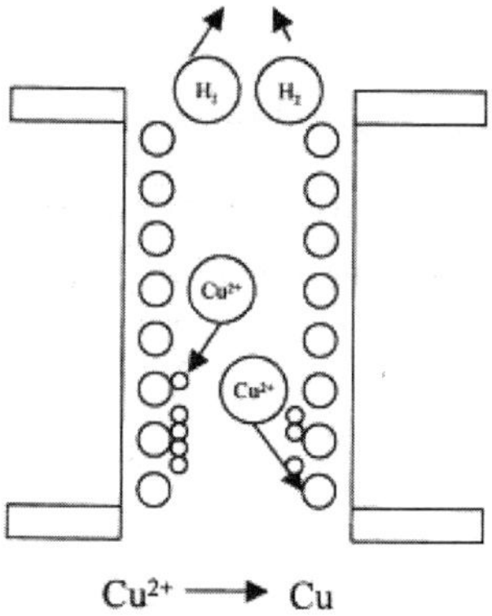

[그림 3-5] electroless Cu Plating 원리 설명

PCB 표면처리 기술(상)

따라서, 도금의 효율을 증대 시키기 위해서는 자기 촉매 반응을 촉진하고 자기 분해 반응을 억제해야 한다.

즉, 생성된 Cu_2O를 즉시 제거하고, 장시간 작업을 중단할 경우 Dummy보드로 액 농도와 온도를 낮추며 안정제를 첨가하여 방치해야 하고, 착화제의 농도 규정치, 첨가제농도, 이물질 유입 상태등을 체크해야 하고, 장시간 작업 중단 후 재작업 시작 시 도금액 농도를 정상 조건으로 만들고, Dummy보드로 도금액을 활성화 시킨 후에 작업해야만 한다.

활성화의 확인 방법은 기판 dip후 30~60초 후에 H_2 gas가 다량 발생하면서 액이 연녹색을 띄며 정상으로 볼 수 있다.

3-2 Build up process 적용을 위한 Electroless Cu plating

3.2.1 개념

현재 BGA, CSP, MCM, Carrier 재료들이 Size가 작아짐에 따라 일반 MLB 재료 공법을 적용하는데 어려움이 있기 때문에 Build up 공법 적용이 바람직하다.

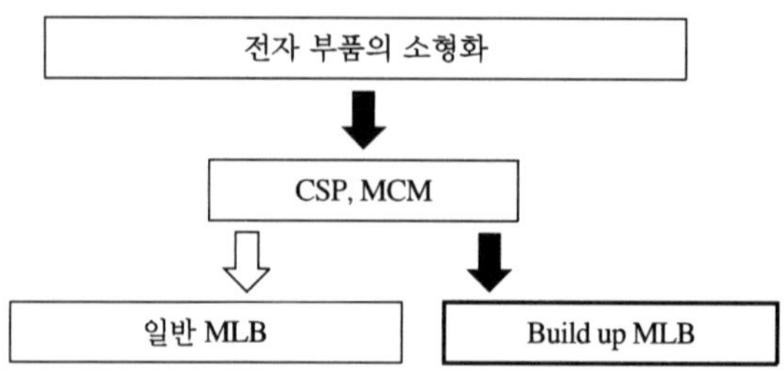

[그림 3-6] Micro electronic device의 PCB 경향

3.2.2 Build up process

1) additive process

additive process는 Subtractive process와 반대의 공법으로 pattern 형성을 additive 하여 제조하는 공법으로 full additive process와 semi-additive process로 나누어진다.

다음 그림 3 - 7은 full과 semi-additive 공법을 나타내고 있다.

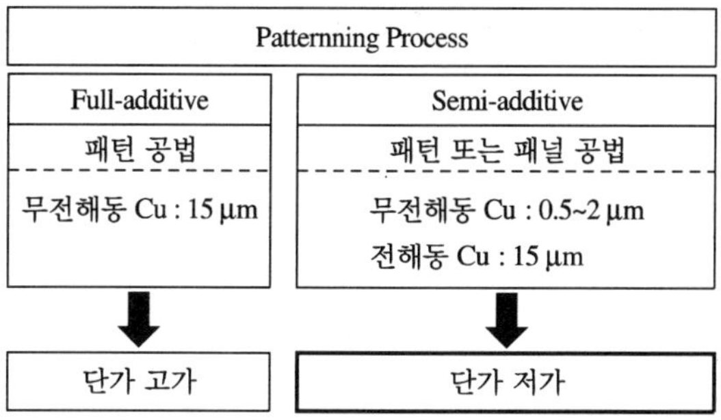

[그림 3-7] Build up MLB 제조 공정

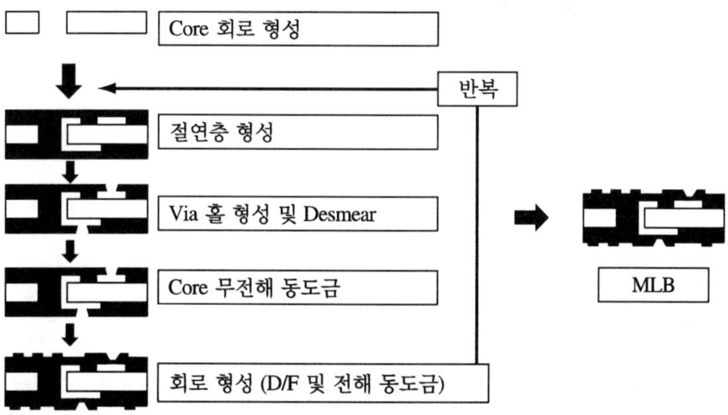

[그림 3-8] Semi-additive Build up MLB 제조공정도

그림 3-8은 Semi-additive 공법에 의한 Build up MLB 제조 과정을 보여주고 있다.

2) Build up process에서 중요 factor

① 절연층과 Cu의 접착력으로 electroless Cu plating에 의해 좌우된다.
② 잔류 내부 응력은 내부 다른 층들에 Stress를 부여하여 층 사이 접착 불량을 야기한다.
③ electroless Cu 도금은 전기도금의 기저도금으로 완벽한 Covering이 되어야 한다.
④ Cu의 접착 강도(peel Strength)

- pell strength factor는 chemical, 재료 형상, 재료 강성 등이 있다.
- 여기는 electroless Cu 도금, Desmear에 의한 절연층 roughness 처리, 물리적 . 기계적 특성 등이 있다.

3.2.3 절연층과 electroless Cu의 접착력 증강제 ; Thru-Cup PEA

1) 기능

절연층과 무전해 동의 접착력을 극대화한다.

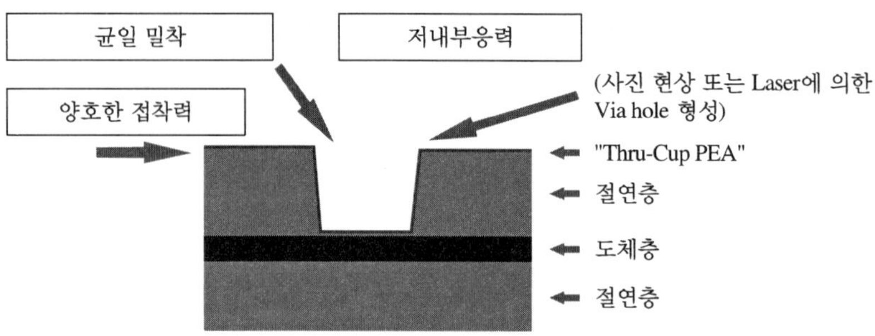

[그림 3-9] Thru-Cup PEA의 성능

그림 3-9에서 보듯이 Thru-Cup PEA는 절연층과 Cu의 뛰어난 접착력을 제공하고, Cu의 균일한 도금이 가능하게 하며, Cu의 낮은 내부 응력을 보장한다.

2) peel strength

그림 3 - 10에서 보듯이 Thru-Cup PEA 처리된 Cu의 peel strength가 월등함을 알 수 있다.

그림 3 - 12에서는 다양한 종류의 epoxy들의 Thru-Cup PEA 처리 유、무에 따른 peel strength의 차이를 보여주고 있다.

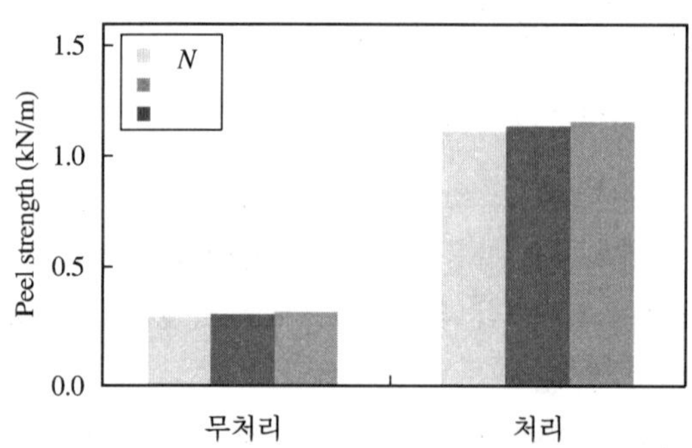

[그림 3-10] 전기 동도금 후 Thru-Cup PEA 처리 유·무에 따른 peel strength 비교

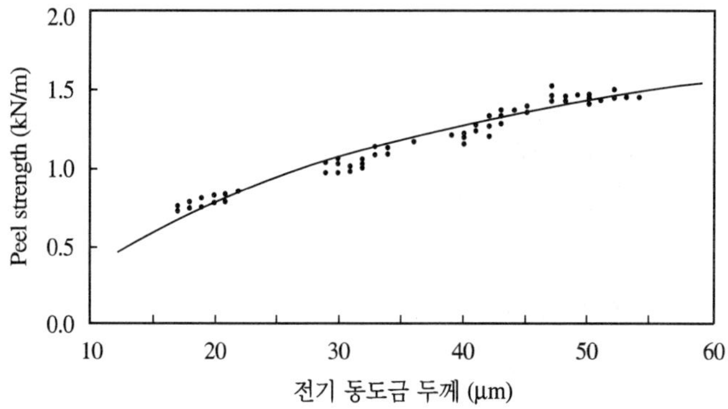

[그림 3-11] 무전해 동도금 후 전기 동도금의 두께에 따른 peel strength 비교

그림 3 - 13에서 보듯이 불량한 접착강도에 의해 Cu가 들뜬 상태를 보이고 있다.

3) 내부 stress

내부 응력에 의해 Delamination 및 Blister가 발생할 수 있으므로 낮은 내부 응력이 필요하다. 그림 3 - 15에서 보듯이 additive 농도가 약 40%이상에서 내부 응력이 50MPa이며, 이 때 peel strength가 1.25KN/m 정도로 이상적인 값을 지속함을 알 수 있다.

① 내부 응력의 변화는 도금막 내의 H2 gas량에 의존한다.

② 무전해 Cu 도금 시 HCHO가 환원제로 작용한다.

즉, Cu2 + 2HCHO + 4OH - →Cu + 2HCOO + 2H2O + H2 ↑

이 때, 발생하는 H2 gas가 Cu 도금층에서 도금 물성을 나쁘게 하며, 내부 응력을 높인다. 이것은 열 처리함으로써 풀어 줄 수 있다.

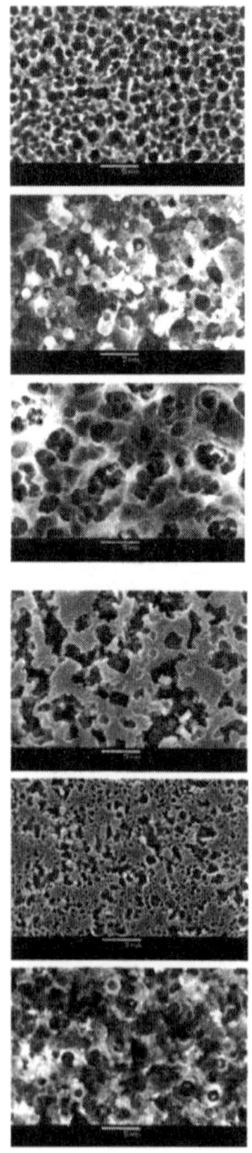

취약 (들뜸)	0.3 kN/m
취약 (들뜸)	0.8 kN/m
취약 (들뜸)	0.1 kN/m
1.2 kN/m	1.2 kN/m
취약 (들뜸)	1.4 kN/m
1.4 kN/m	1.4 kN/m

[그림 3-12] 다양한 epoxy들의 접착 강도의 비교

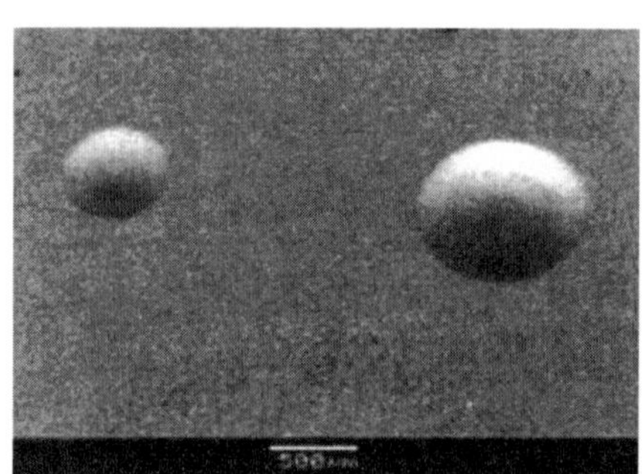

[그림 3-13] 불량한 접착 강도에 의해 야기된 Blister의 예

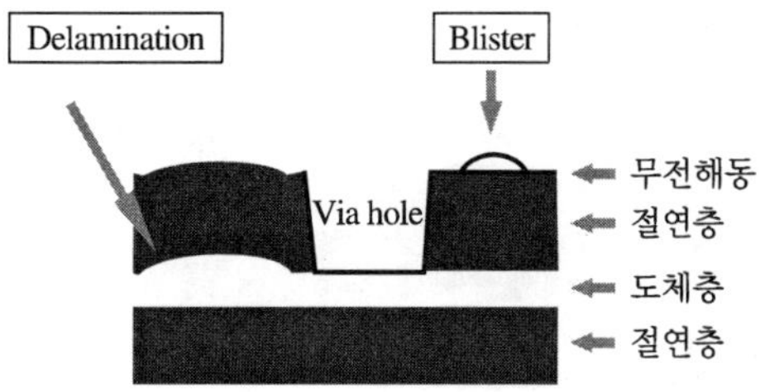

[그림 3-14] 높은 내부 응력에 의해 야기된 불량들

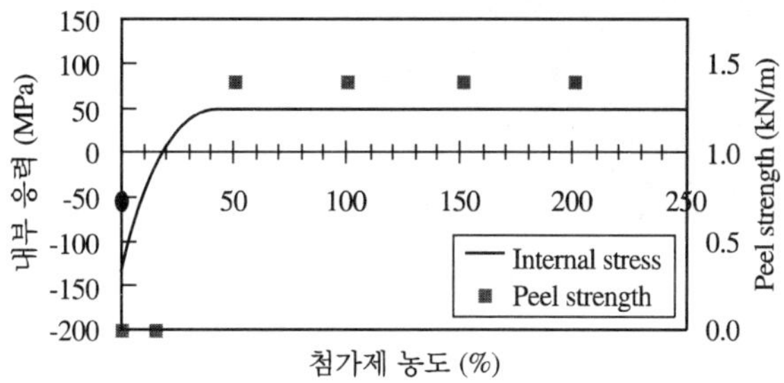

[그림 3-15] Thru-Cup PEA의 additive 농도에 따른 내부 응력과 접착 강도 비교

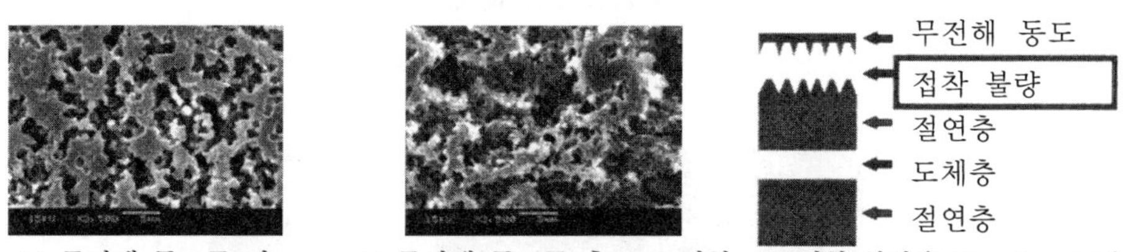

(a) 무전해 동도금 전 (b) 무전해 동도금 후 peel 시험 (c) 접착 불량을 X-section 모형

[그림 3-16] 접착 불량의 예

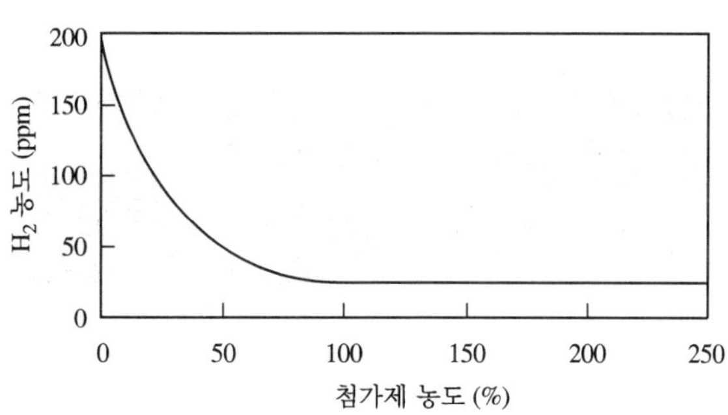

[그림 3-17] Thru-Cup PEA 도금의 첨가제 농도에 따른 H_2 농도의 변화도

4) Via hole 속 균일 도금

일반	Thru-Cup PEA	Via hole 치수 (μm)

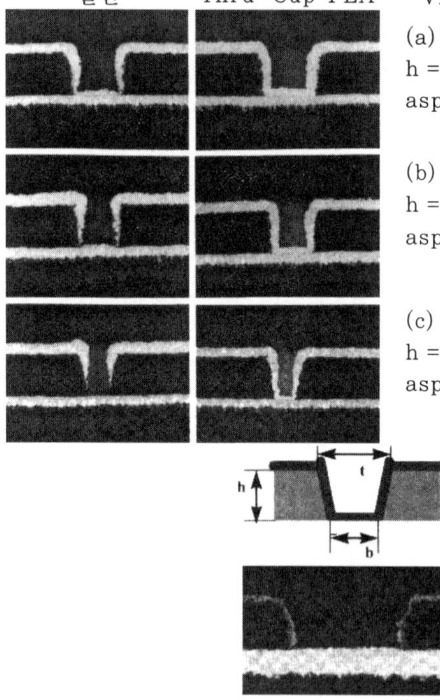

(a)
h = 50, t = 90, b = 90
aspect ratio = 0.6

(b)
h = 50, t = 70, b = 65
aspect ratio = 0.7

(c)
h = 50, t = 50, b = 30
aspect ratio = 1

[그림 3-18] high aspect ratio Via hole에 무전해 동도금 된 홀의 X-Section 사진

표면	throug hole X-section 모습	
(SEM)	(SEM)	금속현미경

(a) Conventional

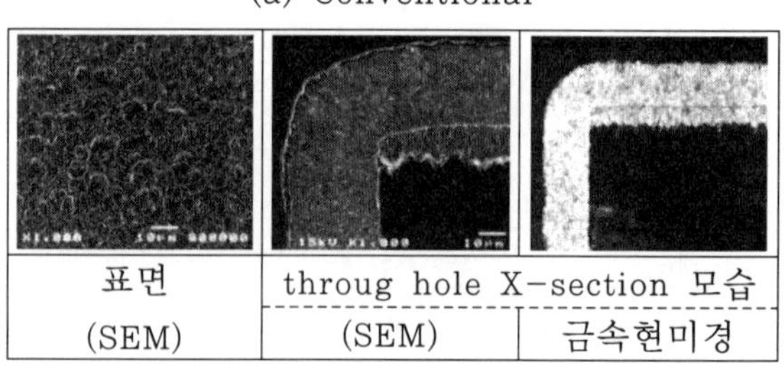

표면	throug hole X-section 모습	
(SEM)	(SEM)	금속현미경

(b) Thru-Cup PEA

[그림 3-19] 무전해 동도금 후 전기동도금 된 홀 Corner 및 홀 속 X-Section 사진

앞의 그림 3-19에서는 Thru-Cup PEA를 사용하여 도금된 홀과 사용하지 않고 도금된 via 홀의 Corner와 홀 속 사진으로 큰 차이를 보임을 알 수 있다.

5) Thru-Cup PEA처리 공정 flow

[도표 3–1] Thru–Cup PEA 도금 공정

공정	약품
크리닝/콘디셔너	ACL–009
마이크로 에칭	
산세	
준촉매	PED–104
촉매	AT–105
활성화	AL–106
무전해 동도금	Thru–Cup PEA (4μm/h, 36° C)

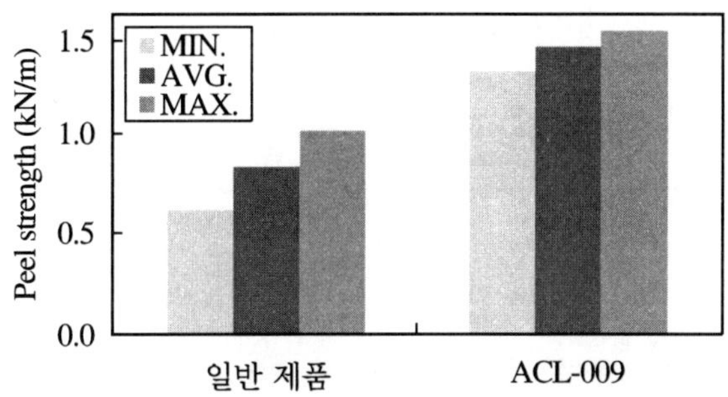

[그림 3–20] 무전해 동도금의 peel strength에 영향을 미치는 cleaner/condition종류별 비교도표

6) Chemical 및 도금막 특성

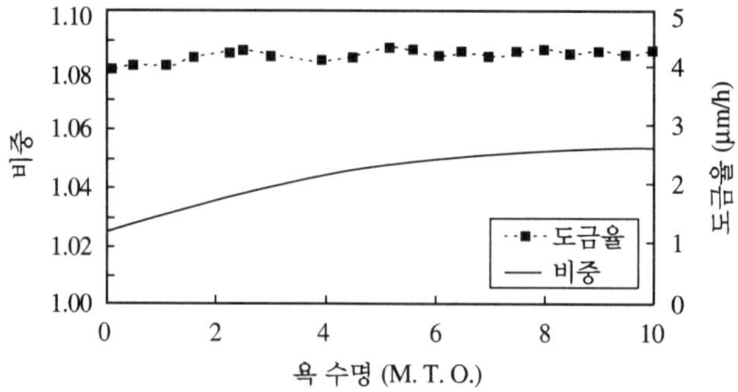

[그림 3-21] Bath(욕)의 수명에 영향을 미치는 비중 및 도금율 비교도

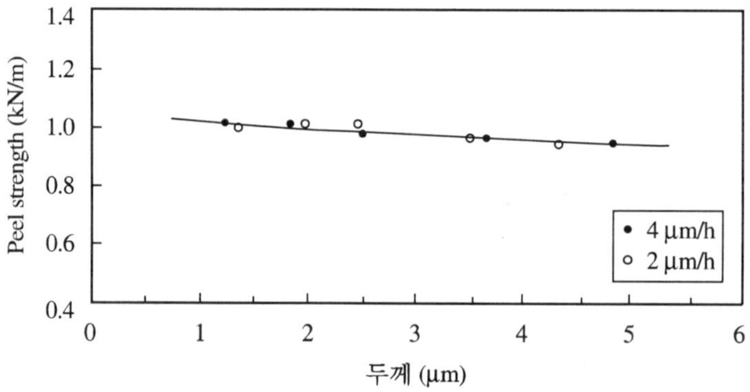

[그림 3-22] 무전해 동도금 두께와 도금율의 peel strength에 미치는 영향

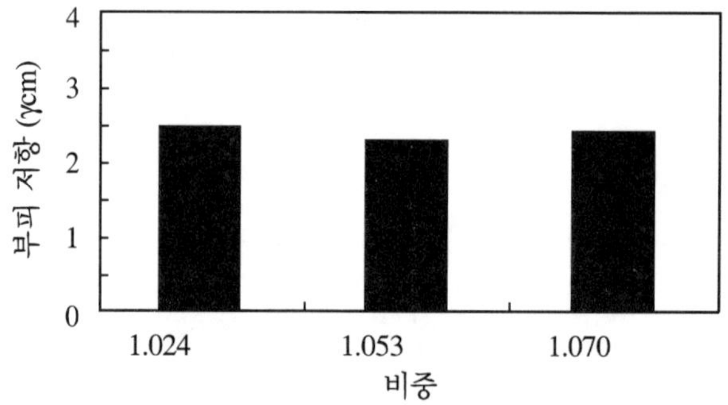

[그림 3-23] Thru-Cup PEA 도금의 체적 저항성

PCB 표면처리 기술(상)

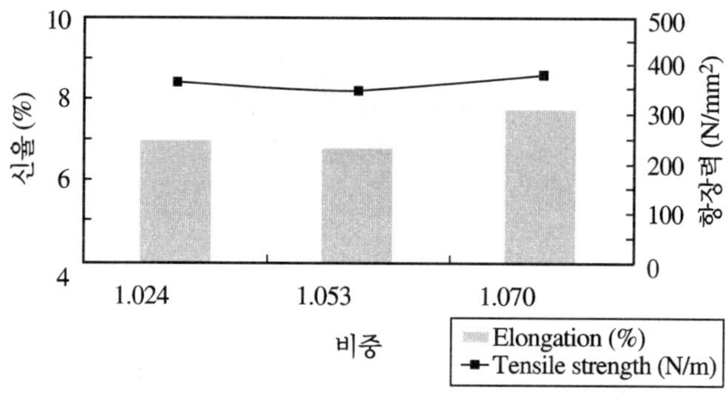

[그림 3-24] Thru-Cup PEA 도금의 신율 및 항장력 비교

그림 3 - 21, 그림 3 - 22, 그림 3 - 23, 그림 3 - 24는 Thru-Cup PEA의 기타 특성곡선을 나타내고 있다.

3-3 No formaldehyde 무전해 화학동도금

3.3.1 개요

1) 현 무전해 동도금의 환원제로 포르마린(HCHO)을 사용하고 있는데 이것을 환경친화적인 치아인산염으로 대체하려는 목적으로 개발되었다.
2) No formaldehyde 화학동도금의 key factor는 도금속도와 도금된 금속 구조의 조절이다.

3.3.2 공정

1) activation process

① 일반적인 전처리 ➜ pre dip ➜ activation ➜ reducer

② 알카리 이온화된 Pd activation으로
- 균일한 Pd 전착이 가능하고
- Tin 산화 없는 Bath의 안정성이 가능하며
- fine 기술에 유리한 잔류 도전성이 감소하는 장점 등을 가지고 있다.

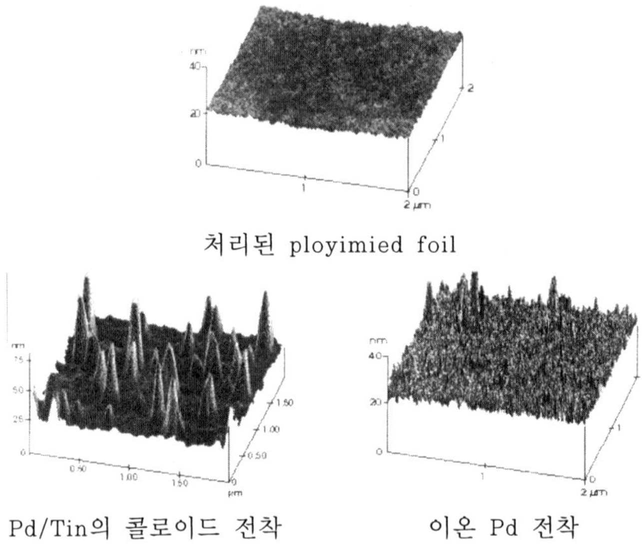

처리된 ployimied foil

Pd/Tin의 콜로이드 전착 이온 Pd 전착

[그림 3-25] Pd/Sn과 ionic Pd 전착의 특성비교

위 그림 3 - 25에서 보면 Pd/Sn 전착된 Cu 표면보다 Pd 이온 전착된 Cu 표면의 표면적이 극대화됨을 알 수 있고 표면 조도 균일도가 치밀함을 알 수 있다.

2) 무전해 동도금 process

① electroless Cu 도금 후 electrolytic Cu 도금을 진행한다.

② No formaldehyde electroless Cu 도금은 다음과 같은 성분으로 구성된다.

- 기본 성분은 Cu, Ni, 구연산염, 가성소다로 되어있다.
- 안정제가 들어가 있다.
- 환원제로 NaH2PO2가 사용된다.

3) 장점

① 낮은 내부 Stress 도금이 이루어 진다.
이것은 high Tg 기판에 SAP 공법적용 시 Blister 없는 도금이 가능하다.

② 안정성이 높다.
air 교반이 필요 없고, 장기간 방치 시에도 액의 자기 분해가 없다.

③ 호환성이 좋다.
전기 동도금과 호환성이 좋다.

④ 높고 균일한 도금 속도를 가능토록 해준다.
전기 동도금시 도금이 일정하고 높은 속도로 도금이 이루어 지도록 해준다.

⑤ 용이한 작업 관리가 된다.

온도, 도금 속도를 쉽게 조정 및 적용이 가능하다.

⑥ 개량된 Process Control이 가능하다.

- 환원제와 NaOH
- 안정제
- PH Control
- Cu 농도 control
- No formaldehyde가 가능하다.

3.3.3 Technical data

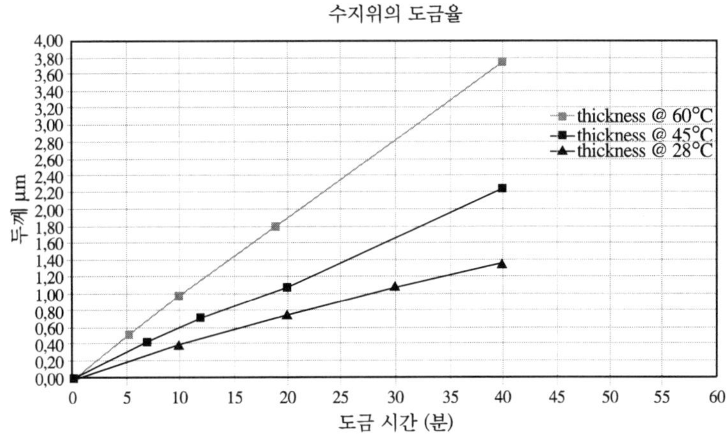

[그림 3-26] 온도변화에 따른 도금 속도/도금 두께 변화도

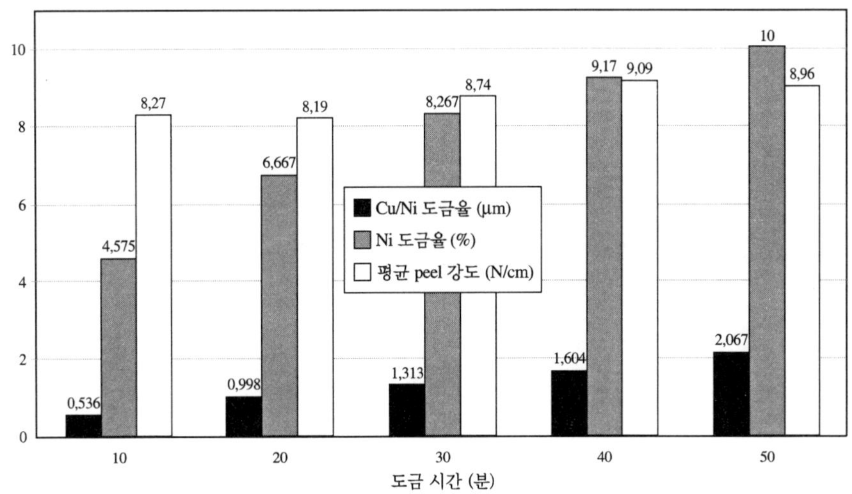

[그림 3-27] 도금된 Cu의 peel Strength와 Ni 함유량의 변화도

Chapter 04 전기동도금 (electrolytic Cu Plating)

4-1 전기동도금(electrolytic Cu Plating)

4.1.1 개념

PTH가 완료된 보드에 전기를 흘려서 +극의 anode 볼에 Cu를 용해하여 Cu^{2+}를 - 극의 보드의 노출된 Cu(회로 및 홀속)에 $Cu^{2+} \underset{2e^-}{\overset{+}{\longleftrightarrow}} Cu^0$로 석출시키는 과정을 의미한다.

4.1.2 전기동도금 (유산동 도금) 용액

1) 무기성분

- 황산동($CuSO_4 \cdot 5H_2O$)

 : 황산동은 제품에 도금되는 동(Cu)이온의 공급원이며, 전기전도성을 증가시킨다.
 통상적으로 50 ~ 100g/L로 관리하다.

- 황산(H_2SO_4)

 : 황산은 용액의 전도도를 결정한다.
 염소와 황산, 그리고 액의 활발한 교발(Air 및 기계)은 Cu ball을 용해시키는 역할을 한다. 황산농도가 높아지면 Cu ball이 편극화 현상 또는 부동태를 야기시킨다.
 통상적으로 150 ~ 300g/L로 관리하다.

- 염소(HCl 또는 NaCl)

 : 염소는 Cu이온의 환원반응 및 도금되는 과정에 결정적인 역할을 하는 중간 전도체이다. 또한, Brightner와 함께 도금 속도를 증가시킨다.
 통상적으로 20 ~ 100㎎/L로 관리하다.

2) 유기성분

- Brightner(광택제)

 : Brightner는 도금을 촉진시키다. 특히, 동(Cu)이온의 환원 반응에 촉매와 착이온으로써 작용한다.
 따라서, 대부분의 촉매는 산화환원 반응에 민감하다.
 또한, Brightner는 구리(Cu)이온의 환원 반응의 진행시 필요한 기본 중간 전도체이다.
 대부분의 Brightner는 강한 환원제이며, 동시에 강한 Chelator이다.
 $Cu^+ \rightarrow Cu^0$로 진행되는 환원 반응의 에너지를 감고시키는 도금 촉진제이다.
 그리고, Brightner는 강한 극성을 띠며, 적은 분자량을 갖고 있다.
 또한, Leveller와는 상호보조적으로 작용하여 전체적인 도금의 품질을 개선시킨다.

전형적으로 2가의 황이온과 이종고리원소가 기본 구조를 이룬다.
통상적으로 0.04 ~ 0.10mg/L정도로 관리된다.

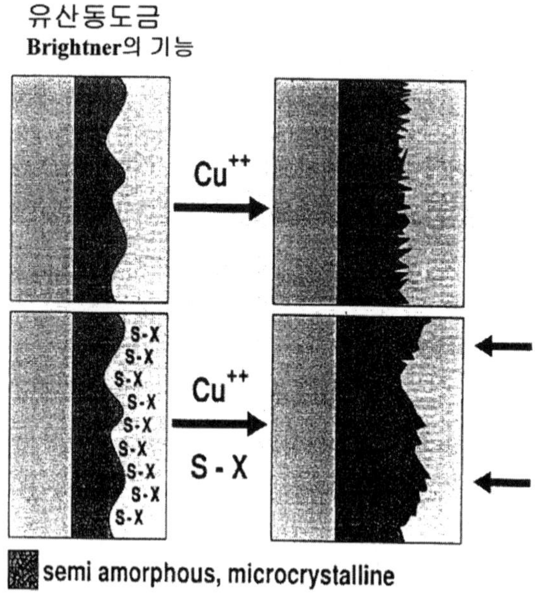

[그림 4-1] 유기동도금 Brightner의 기능

- Leveller(평활제)
  : 대부분의 Leveller는 질소를 함유하고 있는 도금의 억제제이다.
  특히, 고전류쪽 도금을 억제하는 역할을 한다.
  Leveller는 또한 + Charge 띠는 질소를 함유하고 있다.
  Leveller의 소모는 일반적으로 전하이동에 뒤따르는 흡착반응에 의해 이루어진다.
  그리고, anode 표면을 안정시키는 기능도 있다.
  통상적으로 12 ~ 20㎖/L정도로 관리한다.

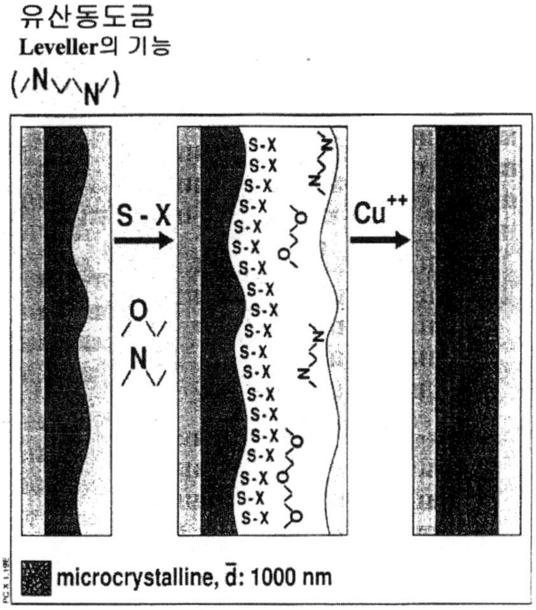

[그림 4-2] 유기동도금 Leveller의 기능

- Carrier(운반제)

: Carrier는 도금을 어느정도 억제한다. 특히, Carrier는 확산층을 생성시키고 유지하는 역할을 한다. 이러한 확산층은 Brightner와 염소가 제 역할을 할 수 있는 환경을 만들어준다.

즉, Cu의 환원 반응에 필요한 Brightner, Leveller, Cl^- (염소)등을 운반하거나, 조절한다.

Carrier는 일반적으로 비극성이며, 높은 원자가의 Glycol, alchole등의 혼합물로 이루어진다.

또한, Carrier는 Wetting agent(계면 활성제)는 아니나, Cu표면의 활성을 증가시키거나, Wettability를 향상시키기도 한다.

보통 PEG타입의 Carrier는 그 분자량이 4.000에서 20.000사이 일때가 가장 활발히 작용한다.

통상적으로 50 ~ 1000mg/L정도로 관리한다.

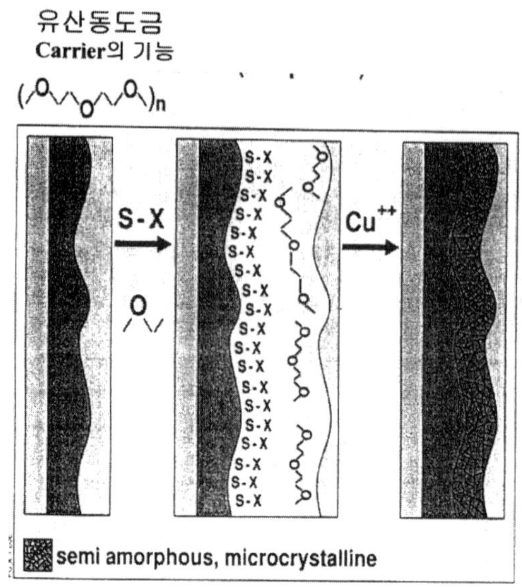

[그림 4-3] 유기동도금 Carrier의 기능

3) 유기첨가제의 기능과 소모

- Cathode에서는 환원 반응이 일어난다.
  이때, Brightner는 염소이온과 함께 작용하여 Cu^{+}의 중간전도체 역할을 한다.
  또한, Leveller는 Brightner의 완충 작용을 하며 확산층을 구성한다.
- Anode에서는 산화 반응이 일어난다.
  이때, Brightner는 Dummy도금후에 생성되는 Black film을 형성시킨다.
  또한, Leveller는 Anode 표면을 안정시키며, Anode를 부식시키는 중간 전도체 역할을 한다.

4.1.3 전기동도금용액 관리 요건

1) 황산(H_2SO_4)

- 농도가 증가시
  - 전기 전도성이 좋아진다.
  - 주6)Throwing Power가 좋아진다.

주6) Throwing Power란 표면도금 두께에 대한 홀 속 도금 두께의 100% 비를 말한다.

즉, $\frac{\text{홀속도금두께평균}}{\text{표면도금두께평균}} \times 100\%$로 계산된다.

· 황산구리($CuSO_4$)의 용해가 감소한다.

- 농도가 감소시
  - · Cu^+ 이온 생성을 제어할수 없다.
  - · Cu 입자에 의해서 거친 표면이 될 수 있다.
  - · 꺽인부분, 모서리등에 주7)Burning현상이 발생할 수 있다.

2) 황산구리($CuSO_4 \cdot 5H_2O$)

- Cu 농도가 증가시
  - · 도금속도가 상승한다.
  - · Throwing Power가 나빠진다.
  - · 작은 결정 구조로 석출된다.
- Cu 농도가 감소시
  - · Throwing Power가 좋아진다.
  - · 전류 밀도가 더 낮아진다.
  - · 꺽인 부분, 모서리등에 Burning의 위험성이 있다.
  - · 거친 표면이 나타날 수 있다.

3) 염소 이온(Cl^-)

- 염소 이온 농도가 너무 높을 때
  - · Anode볼의 부동태화(흰색층)가 야기 될 수 있다.
  - · Cu^+ 이온의 용해가 안 될 수 있다.
- 염소 이온 농도가 너무 낮을 때
  - · Anode볼의 black film의 생성이 안 될 수 있다.
  - · Anode의 양극화의 위험이 있다.
  - · 거친 Cu 표면이 발생할 수 있다.

4) 광택제

Brightner, Leveller, Carrier의 관리 범위 내에서 용액 농도 관리가 중요하다.

5) 기타

- 산소(air교반)
  - · 홀 속에서의 전기 순환, 교환에 영향을 미친다.
  - · Cu 의 Cu^+(이온화 : 산화)에 영향을 미친다.

주7) Burning 현상이란 도금시 과전류등의 원인으로 도금이 탐을 의미한다.

、고 전류 밀도 적용을 도와준다.
、air는 oil이 없는 fresh air가 필수이다.

- 온도
  、고 전류 밀도 적용에 도움을 준다.
  、약간의 광택제의 기능으로 제한적 일 수 있다.
  (고온은 거의 모든 광택제를 파괴할 수 있다.)

4.1.4 전기동도금 설비 관리

전기동도금 tank 청소는 다음과 같이 실시한다.

- tank 내 오염물 종류
  、얇게 도금된 오염물
  、Photoresist 및 다른 공정 용액의 유입등에 의한 알 수 없는 오염물
  ➡ 이러한 오염물들을 완벽하게 세척해야 함
- 세척(청소)순서
  、물로 세척(가볍게)한다.
  、10% NaOH를 tank에 담아서 washing하므로 1차 세척을 마무리한다.
  、모든 tank에 10% 황산 + 2% 과수 혼합용액으로 1~2일 교반 세척을 한다.
  、Anode는 위 10% 황산 + 2% 과수 혼합용액으로 별도 세척해야 한다.
  、새 Anode bag을 씻어서 준비하고, Filter 카트리지는 위 10% 황산 + 2% 과수 혼합 용액 세척 + 온 수세로 세척한다.
  여기서, 오래된 Anode bag 및 filter Cartridge는 재 사용하지 말아야 한다.

4.1.5 전기동도금의 오염물 제거 방법

크게 네 가지로 나누어진다.

- 첫째, H_2O_2, $Na_2S_2O_8$, $KMnO_4$와 같은 산화제를 이용한 Cleaning 방법이다.
- 둘째, 산화제와 카본(활성탄)을 이용하는 방법이 있다.
- 셋째, Dummy 도금 방법이다.
- 넷째, 새로 건욕 하는 방법이다.

이러한 Cleaning방법들은 광택제를 파괴하거나 농도를 떨어뜨리고, 알 수 없는 유기물질들도 파괴시킬 수 있다.

이후 Hull cell test 또는 CVS 측정에 의해 확인이 필요하다.

4.1.6 전기동도금 불량 대처

대표적인 불량 및 원인은 다음과 같다.

거친표면, 층도금, 모서리부분 Crack, 움푹들어간 도금, 두께 불균일, 도금층 분리등은 주로 Photoresist의 용해오염, 외부로부터 유입된 유기물, 부적절한 수세 및 제품의 파손, 좋지 않은 전기 접점등에 의해 발생한다.

4-2 유산동도금의 기술동향 및 미래

4.2.1 산업동향

외층을 줄어들고 있고, 내층은 늘어나고 있으며 내층 PTH가 일반화되었다.

또한, 일반적인 PHT 두께가 줄고 hole ∅는 작아지고 있고, Blind 및 mocro Via의 주8) aspect ratio는 증가추세다.

도금 영역이 증가하고 있다.

4.2.2 기술 동향

1) 자동화

- 수직 Conveyor된 도금설비가 개발되어 나오고 있다.
- 수평 설비가 증가하고 있다.

2) 전기 공급 장치의 발전

- PPR, CVF 등의 정류기가 등장하고 있다.
- Panel 도금이 대중화 되어 있다.
- ±10% 이내의 도금 편차가 달성되어 가고 있다.
- 고 전류 밀도 생산이 가능하게 되었다.

3) PCB의 고밀도화

- aspect ratio의 상승화가 추세이다.
- 층수가 높아지고 있다.
- 홀들이 더 작아지고 있다.
- Blind vid hole들이 대세이다.
- 내층의 PTH화가 추세이다.

주8) aspect ratio란 PCB 두께 대비한 홀 ∅의 비를 의미한다.
즉, PCB 두께(t) : 홀∅를 말한다.

- Via filling 도금이 나오기 시작하였다.
- Lead free Soldering을 요구하고 있다.
  - 더 높은 열적 조건에서 처리된다.
  - Solder 확산 충돌등이 발생된다.
- Build up/ Sequential 공법들이 나오고 있다.
  - 수 차례의 도금 공정이 요구된다.
  - 전송 속도/ 유연성이 중요하다.

4.2.3 미래 요구 조건들

1) 고 전류 밀도 도금

- 10Amp/dm^{2}의 수평도금 개발이 필요하다.
- 6Amp/dm^{2}의 수직도금 기술개발이 필요하다.
- 도금 편차의 최소화를 위한 전류 공급장치의 정밀/정교화가 필요하다.

2) 수평도금 Bright(광택제)

- Throwing Power가 획기적으로 개선된 광택제의 출현이 필연적이다.
- 더 성능 좋은 신율의 도금이 필요하다.

3) PPR(Periodic Pulse Reverse)

: Reverse Pulse 정류방식
- 안정된 전류 공급이 중요하다.
- 수평 Line에 적용시켜야 한다.

4) Throwing Power의 극대화

- 100% T.P의 달성이 요구된다.
- 큰 Size의 Panel에 실현시켜야 한다.
- micro Via는 50% 이상을 달성해야 한다.

5) micro Via Plating(CVF)

- Via fill을 달성해야 한다.
- 2mil Via fill을 달성해야 한다.
- CPU 및 다른 부품에 적용할 수 있다.

4-3 유산동도금 Line 설비 요건

4.3.1 Tank

1) 작업내내 형태를 유지할 수 있는 구조로 되어있어야 한다.
2) 오염물, oil등의 유입이 없어야 한다.
3) 염색되지 않은 PP 재질이어야 한다.
4) PVC, CPVC, Titanium, EPDM, 불소고분자 등의 재질이어야 한다.
5) Sus, rubber, 면, 섬유등은 사용하지 말아야 한다.

4.3.2 Heater & Cooling

1) 온도편차가 ±2℃ ~ ±1℃ 정도이어야 한다.
2) Heater는 Teflon 또는 Titanium이어야 한다.
3) Cooling은 Titanium으로 사용하여야 한다.

4.3.3 Anode

1) Cu부싱은 1000Ampere당 6.5㎠ 면적의 Cu Ball을 1inch^2을 사용한다.
2) 규칙적으로 amp-clamp 체크기를 이용하여 각각의 anode을 전류 분포를 체크해 주어야 한다.
3) Anode type은 0.04 ~ 0.06%의 균일한 인을 함유한 함인동 이어야 한다.
4) 둥근 형태가 일반적이다.
5) 티타늄 소재의 anode 바스켓을 사용한다.
6) 아노드 바스켓은 지속적인 관리가 필요하다.
7) 파손된 바스켓은 교체해준다.
8) 아노드 전류 밀도
   - 아노드 ball의 량은 대략 15ASF 정도의 표면적을 공급해 주기 위해 사전에 계산을 해야 한다.
   - 아노드 bar 또는 Basket의 부피를 이용한다.
9) 아노드 백
   - PP또는 Dynel로 만들어야 한다.
   - 느슨하게 설치하고, 최소 bar 또는 basket 보다 수 inch 길어야 한다.
   - 백들은 칫수가 나와야 하고, 사용전에 세척, 온 수세, 황산 수용액에서 산 처리 등으로 깨끗이 세척되어야 한다.
10) Anode 보충 및 유지

- 아노드 바스켓에 일정하게 보충하고 주기적으로 체크한다.
- 필요시 아노드의 무게를 달아보거나 자동 보충 System등을 설치한다.
- anode 바스켓들 사이의 거리는 아노드 - 케소드 사이의 거리의 1/3 이내에 있게끔 설치하여야 한다.

4.3.4 anode - Cathode

1) 케소드 - 케소드 사이의 거리는 최소 200㎜이상, 최대 300㎜ 이내 이어야 한다.
2) anod와 Cathode 사이의 거리는 적절해야 한다.

4.3.5 agitation(교반)

1) Cu 도금은 Cathode 부위의 일정한 용액의 이동을 돕는 agitation에 크게 영향을 받는다.
2) 이 용액의 유동은 사용된 약품의 적절한 유지에 절대적이며 Cathode 주변의 얇고, 조정된 주변층을 형성하는데 필요하다.
3) 주변층은 용액내의 약품 농도가 확산층의 안쪽과 바깥쪽 사이에 다른 확산층을 형성한다.
4) 기계적 교반
   - PCB의 홀들은 관통하게 용액에 힘을 형성 시킨다.
   - 표면과 홀 속의 용액의 흐름과 약품의 차이를 감소시킨다.
   - 홀속을 당기고 밀어주는 저어주는 움직임을 주어야 한다.
   - 적합한 속도의 Stroke이 필요하다
     (60 ~ 80㎜ Totol Stroke(왕복), 8 ~ 10Cycle/분의 속도)
   - 캐소드 랙크는 작업에 적절한 정도로 딱딱해야 한다.
5) air agitation
   - air는 rack 표면에 용액 이동의 요구되는 균일성을 만들기 위해 보통 사용된다.
   - air는 다음의 특성을 제공해야 한다.
     · 깨끗하고, 여과되고, 기름 성분이 없는 air가 사용되어야 한다.
     · air 파이프는 Cathode 아래에 위치해야 하고, 기계 교반과 따라 다니면 안되고 양면을 air를 공급하기 위한 양쪽 파이프 사용을 해서는 안된다.
     · air 파이프는 tank 바닥에서 최소 20㎜이상 띄어야 하고, 도금 Cathode 아래 최소 150㎜ 이상 설치 되어야 한다.
     · air hole의 총 단면적이 파이프의 1/2 단면적을 초과해서는 안된다.
       (일반적으로 ∅1.5㎜이며, 수직에서 45° 각도에 형성)
     · air는 anode 밑에 위치해서는 안된다.
     · 작업이 없을때는 air 사용은 하지 말아야 한다.

4.3.6 filter & Pump

1) 연속적인 여과가 필요하다.
2) Pump는 3 turn-over/시간 해주어야 한다.
3) 5 - 10㎛ 카트리지 type 휠터가 좋다.
4) filter 사용전 반드시 세척, 온수세, 5% 황산 산처리를 해준다.
5) 휠터와 Pump의 미세한 결함도 주의하자.

4-4 전기동도금 신율 & 광택제

4.4.1 개요

1) HDI, Micro Via PCB는 동도금 기술과 신뢰성이 좋아야 한다.
2) 열적, 기계적 특성이 좋아야만 high aspect ratio 홀을 장시간 사용해도 barrel 및 Corner Crack 발생이 없다.
3) 유기 절연층 또한 Cu와의 CTE 차이로 Z축 팽창 시 문제가 발생할 가능성이 있으므로, 도금된 Cu는 연신율과 항장력이 좋아야 한다.
4) thermal stress(288°C, 10sec floating 시)에 견디기 위해서는 연신율이 6% 이상이 필요하고 항장력은 50KPSI(30KN/cm^2) 정도가 요구된다.
5) 전기동도금 중 유산동은 Throwing power의 Control이 용이하고, 저 도금 편차가 가능하며 여기서 additive(광택제)는 도금 물성, 도금성을 향상 시키는 중요한 요소로 작용한다.
6) 물리적 특성은 광택제의 농도 조절, 전류밀도, 전류파형 등에 좌우되고, 특히 연신율은 정류기 type에서 reverse pulse > Dc > pulse 순으로 나타난다.
   일반적으로 reverse pulse 정류기를 적용하면 연신율이 5.2%, 항장력이 20.34 kgf/cm^2를 얻을 수 있다.
7) Cl^-은 Cu^+과 반응하여 CuCl을 형성하고, Cu 표면에 Cu^+ 농도를 증가시키므로 2층의 Capacitance와 Polarization을 낮춘다. 또한 도금층의 내부 응력 완화를 위해 광택제와 복합적인 영향을 미친다.

4.4.2 연신율 실험

1) 도금조 : 1.5L 도금조
2) 정류기 : DC 10A
3) 교반 : air 및 기계교반
4) 도금 Cell: 함인동극
5) 도금시편: 도금 Cell = 1:2(면적비)로 도금시편의 면적은 80cm^2이다.

6) 기계 교반 속도 : 120cm/분

7) 도금 두께 : 40um

8) 액 조성

- 광택제 (Brightner, Leveller, Carrier)
- 황산농도 (200g/L)
- 황산구리 농도 (200g/L, 40g/L, 60g/L)

9) test 방법

- Bulge Test를 사용하여 연신율, 항장력을 측정하였다.
- 그림 4－4는 Ductensiomat 방법이라 하여 연신율과 항장력을 동시에 측정할 수 있다.
- 그림 4－5에서 Graph의 검은색 내부의 면적이 어떤 시료의 파괴 energy를 나타내고, Rm 부위의 연신율(elongation)과 압력(항장력)을 읽어주면 된다. Test 전에 Cu foil은 140℃, 2시간 Cure 처리해야 한다.

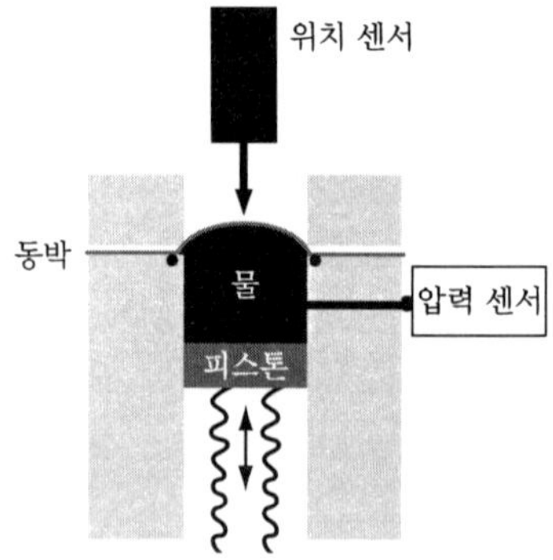

[그림 4-4] 연신/항장 Test 방법 (Pressure 실린더는 Ø8mm이다.)

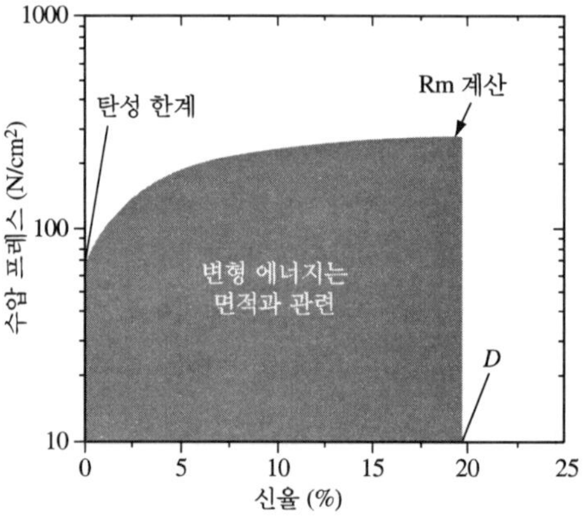

[그림 4-5] 대표적인 Stress, Strain graph

4.4.3 Test 결과

1) Cl^-의 영향

광택제 없이 Cu 농도 40g/L, 황산농도 200g/L 상태에서 도금된 Cu foil의 연신율을 측정한 결과 다음과 같았다.

[도표 4-1] Cl^-의 Cu 연신율 영향(Brightner, Leveller가 함유된 도금조)

번호	L(ml/l)	B(ml/l)	Cu(g/l)	H_2SO_4(g/l)	CT(ppm)	A/dm^2	연신율 %	항장력(KN/cm^2)
1	20	0.5	40	200	0	2	2.3	30.6
2	20	0.5	40	200	22	2	4.1	29.2
3	20	0.5	40	200	30	2	17.3	33.5
4	20	0.5	40	200	50	2	18.0	40.2
5	20	0.5	40	200	60	2	18.5	36.4
6	20	0.5	40	200	75	2	13.5	34.2
7	20	0.5	40	200	100	2	9.2	34.6

**L: Leveler B: Brightener

위 도표 4 - 1에서 보면 Cl^- 농도가 50ppm, 60ppm일 경우에 연신율과 항장력이 가장 좋은 결과를 나타냄을 알 수 있고, 그 이하, 이상일 경우 떨어지는 것을 알 수 있다.

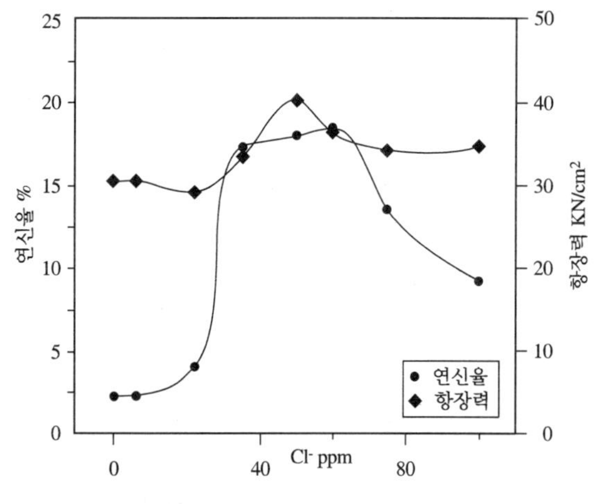

[그림 4-6] 광택제가 함유된 도금조의 물리적 특성 VS. Cl^- 농도 graph

위 그림 4 - 6은 광택제가 있는 도금조의 Cu의 연신율과 항장력의 graph로 도표 4 - 2의 내용이고, 그림 4 - 7은 광택제가 없는 도금조의 Cu의 연신율과 항장력의 관계 graph로 연신율은 Cl^- 농도가 20~40ppm에서 좋은 결과를 나타냈고, 항장력은 Cl^- 농도가 30~50ppm

에서 좋은 결과를 보여 두 가지를 모두 만족하는 조건은 Cl^- 농도가 40ppm을 알 수 있고 그 세부 결과는 다음 도표 4-2에 나타나 있다.

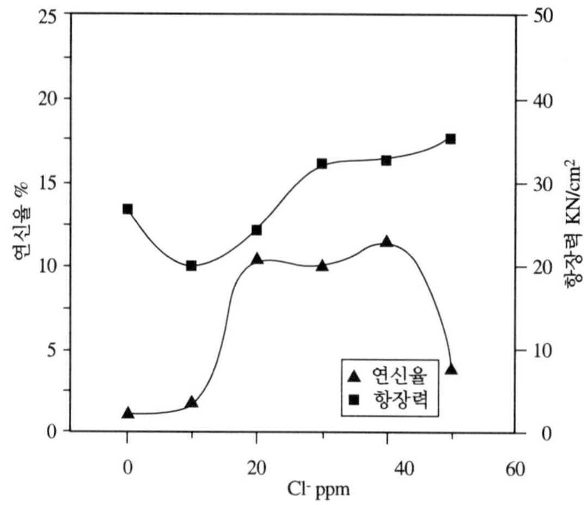

[그림 4-7] 광택제가 없는 도금조의 물리적 특성 VS. Cl^- 농도 graph

[도표 4-2] Cl^-의 연신율 영향(Brightner, Leveller 함유된 도금조)

번호	L(ml/l)	B(ml/l)	Cu(g/l)	H_2SO_4(g/l)	CT(ppm)	A/dm^2	연신율 %	항장력(KN/cm^2)
8	0	0	40	200	0	2	1.0	26.7
9	0	0	40	200	10	2	1.7	19.8
10	0	0	40	200	20	2	10.3	24.1
11	0	0	40	200	30	2	9.9	32.0
12	0	0	40	200	40	2	11.3	32.6
13	0	0	40	200	50	2	3.7	35.1

**L: Leveler B: Brightener

2) Brightner, Leveller, Cu 농도가 연신율에 미치는 영향

다음 도표 4-3은 여러 가지의 factor 별 Cu의 연신율과 항장력의 영향을 알 수 있는 좋은 data 이다. 우선, Leveller의 유. 무에 따라 연신율이 크게 차이가 발생하는 것을 알 수 있다. 즉, Leveller가 있을 경우 연신율이 현저히 높고, 항장력은 큰 차이가 없이 나타났다.

Brightner의 유. 무 역시 연신율에 영향을 미치는데 Brightner가 있는 경우에 연신율이 떨어지는 것을 알 수 있었다.

Cu 농도의 연신율, 항장력의 영향을 보면 40g/L에서 연신율이 가장 높고, 20g/L 에서 항장력이 가장 높은 것으로 나타났다.

[도표 4-3] 도금된 Cu foil의 연신율의 Brightner, Leveller, Cu 농도의 영향

번호	L(ml/l)	B(ml/l)	Cu(g/l)	H_2SO_4(g/l)	CT(ppm)	A/dm^2	연신율 %	항장력(KN/cm^2)
3	20	0.5	40	200	30	2	17.3	33.5
11	0	0	40	200	30	2	9.9	32.0
14	0	0.3	40	200	30	2	5.0	37.8
15	0	0.5	40	200	30	2	6.9	36.2
16	0	0.8	40	200	30	2	6.0	33.4
17	15	0	40	200	30	2	NA	NA
18	20	0	40	200	30	2	3.7	28.1
19	25	0	40	200	30	2	5.4	39.7
20	0	0	20	200	30	2	5.0	37.8
11	0	0	40	200	30	2	9.9	32.0
21	0	0	60	200	30	2	6.4	24.2
22	20	0.5	40	200	30	1	4.6	25.7
3	20	0.5	40	200	30	2	17.3	33.5
23	20	0.5	40	200	30	3	8.8	42.7

전류밀도(A/dm^2)는 2A/dm^2에서 연신율이 가장 높게 나타났고, 3A/dm^2에서 항장력이 가장 높게 나타났다.

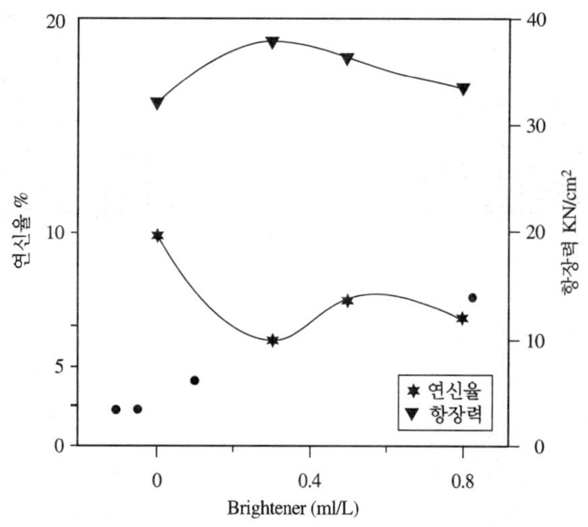

[그림 4-8] 물리적 특성 VS. Brightner 농도(Cl^- 농도는 30ppm)의 graph

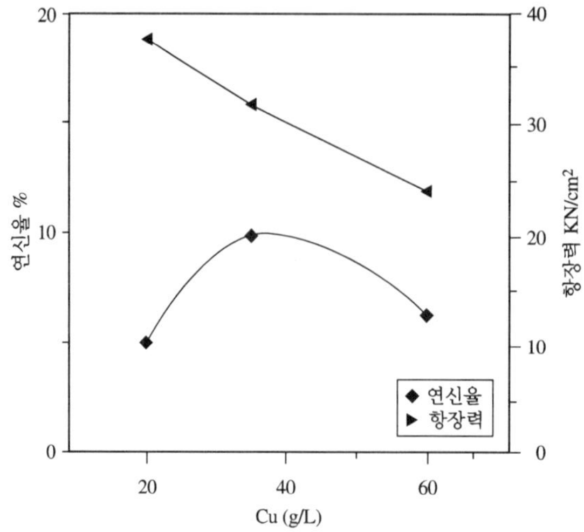

[그림 4-9] 물리적 특성 VS. Cu^{2+} 농도의 graph(Cl^- 농도는 30ppm)

위 그림 4 - 8, 그림 4 - 9는 도표 4 - 3을 graph화한 것이다.

3) 전기도금된 Cu foil의 표면 형상

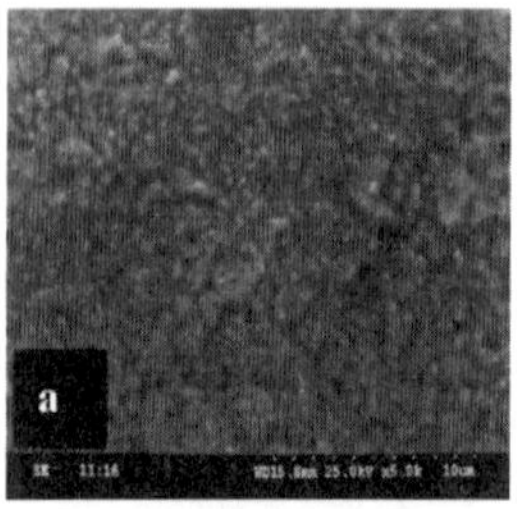

(a) 광택제 없는 상태에서 도금된 표면

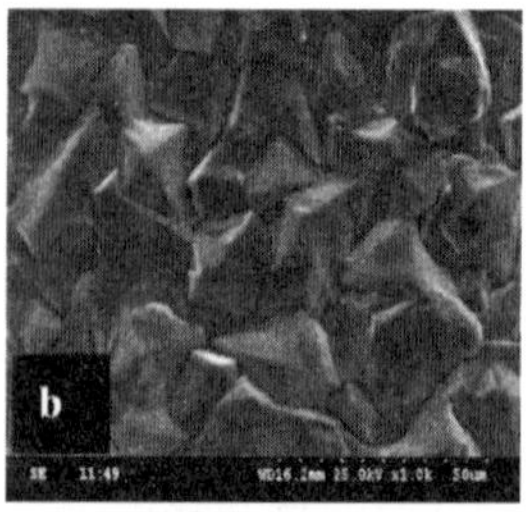

(b) Cl^-30ppm 첨가 후 도금된 표면

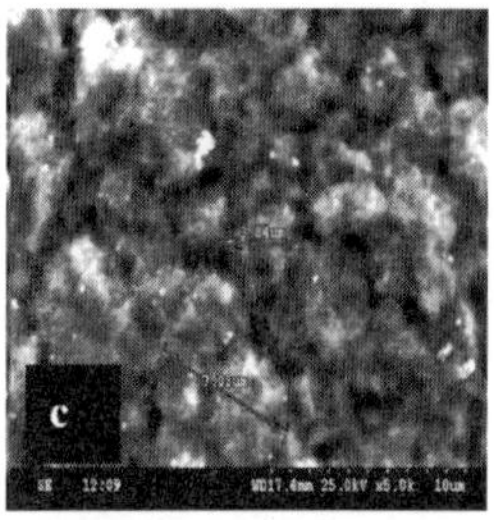

(c) Cl^-30ppm + Leveller 20mL/L 첨가 후 도금된 표면

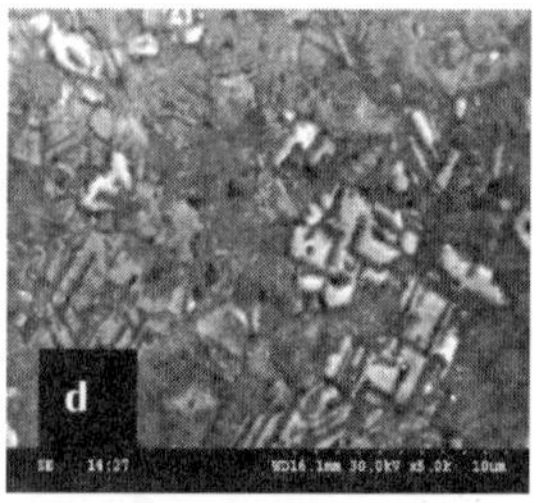

(d) Cl^-30ppm + Brightner 0.5mL/L 첨가 후 도금된 표면

(e) Leveller 20mL/L + Brightner 0.5mL/L 첨가 후 도금된 표면

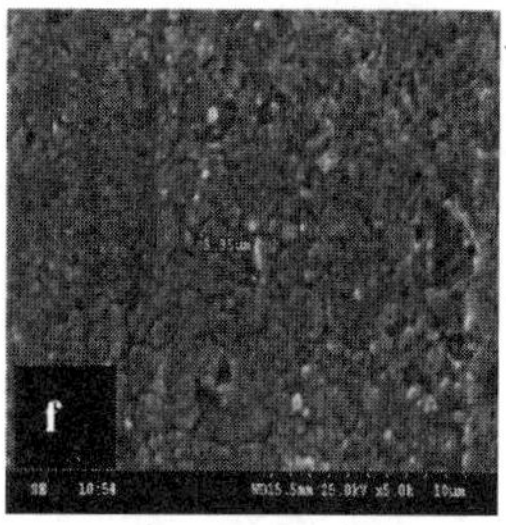

(f) Leveller 20mL/L + Brightner 0.5mL/L+Cl^- 30ppm 첨가 후 도금된 표면

[그림 4-10] Cu 도금된 표면 형상 변화도(전류밀도 : 2A/dm^2, Cu^{2+} : 40g/L, H_2SO_4 : 200g/L)

위 그림 4 - 10은 도표 4 - 3의 결과를 유형별로 Cu 표면의 SEM 사진을 보여주고 있다. a)는 시편 No 8을 보여주고 있고, b)는 시편 No 11을 보여주며, c)는 시편 No 18을 보여주고 있으며, d)는 시편 No 15를 보여주며, e)는 시편 No 1을, f)는 시편 No 3을 보여주고 있다.

위 결과에서 f) 즉, No 3의 Cu 표면 조직 상태가 양호한 것으로 분석되고 동시에 연신율과 항장력도 좋은 결과임을 알 수 있다.

4.4.4 요약

1) 전기동도금에서는 Cl^-와 광택제의 적절한 조합이 연신율을 20% 이상 향상시킬 수 있다.
2) 도금 결과 Size가 2 ~ 5um 미립자 형태구조를 가지므로 연신율을 향상시킬 수 있다.
3) Cu농도와 전류밀도 역시 연신율에 어느 정도 영향을 미친다.

4-5 수직형 reverse pulse 도금

4.5.1 개요

1) PCB hole의 소형화 추세는 기존 도금 방식의 한계에 부딪힌다. 즉, micro via, bind via는 수평 도금 설비가 효과적이다.
2) high aspect ratio 기판에 도금을 하는 것도 한계에 부딪힌다. 이때, 수직형 reverse pulse 도금의 영향을 확인할 필요성이 있다.

4.5.2 Technical data

1) 장비

① 수직형 도금 설비는 수평 설비의 기판 두께의 취약점을 극복하나, hole 속 약품의 흐름, 표면 분산, 고전류밀도에서의 Throwing power 등의 취약한 단점이 있다.

② air blow 방식은 높은 voltage에서 너무 많은 brightner의 소모를 야기하므로 air blow가 아닌 유출기를 사용가능하다면 용액 이동에 효과적일 것으로 보인다.

③ 전류 분포를 일정하고 균일하게 할 수 있는 구조가 필요하다.

2) 정류기

① reverse pulse 정류기 도금의 영향

그림 4-11은 현재 전기 도금 시 사용되는 정류기의 유형별 파형을 보여주고 있다.

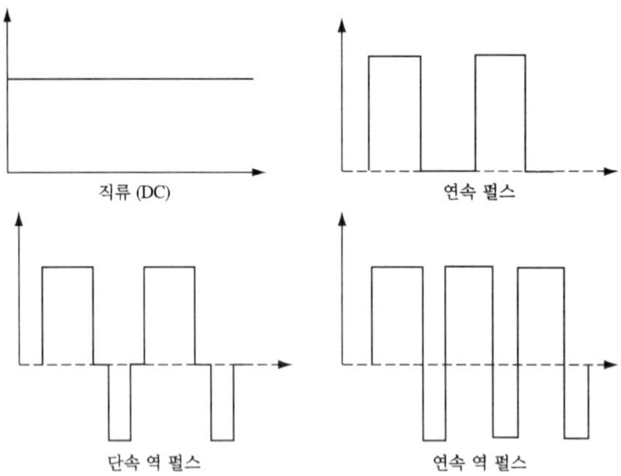

[그림 4-11] 여러 파형 비교

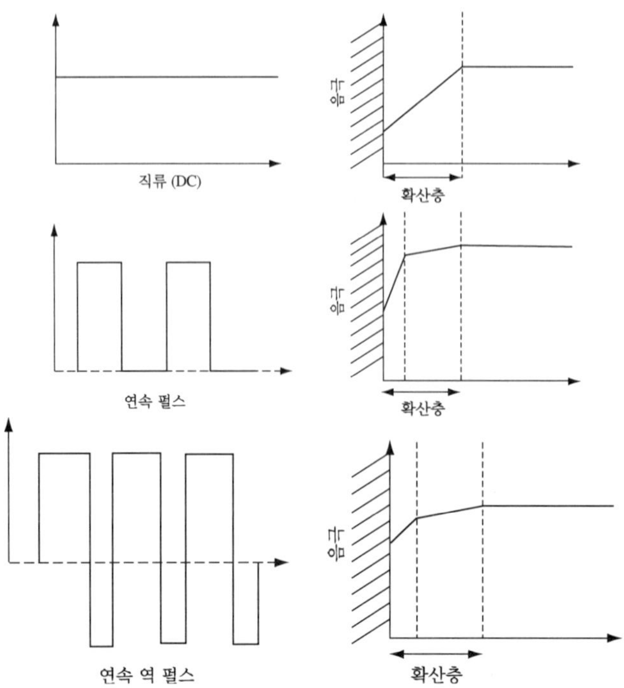

[그림 4-12] 여러 파형의 확산층 비교도

그림 4 - 12는 파형에 따른 Cathode의 도금 확산층 형성 모습을 그래프로 보여주고 있다. 그림 4 - 13의 (a)는 일반 DC 정류 도금 시에 표면 도금 두께가 불규칙적인 것을 보여주고 있고, (b)는 reverse pulse 정류 도금 시에는 표면 도금 두께가 일정해 지는 효과를 보여주고 있으며, (c)는 reverse pulse 정류 도금 시 Hole corner의 dog bone 등의 발생을 줄여서 Throwing power가 좋아지는 효과를 얻을 수 있음을 보여주고 있다.

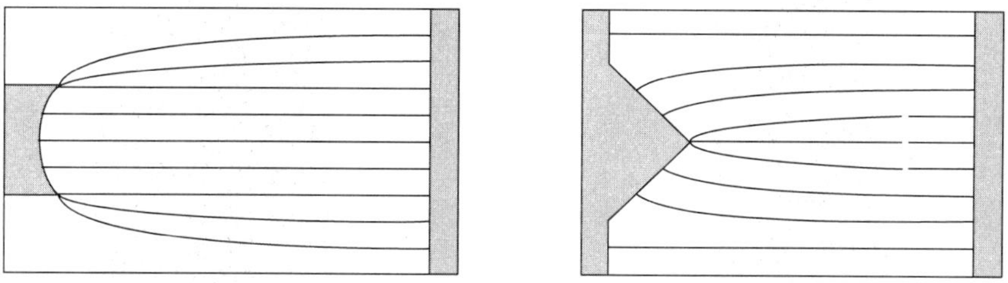

(a) 도금 진행 동안 edge 효과 때문에 거친 도금 표면이 된다.

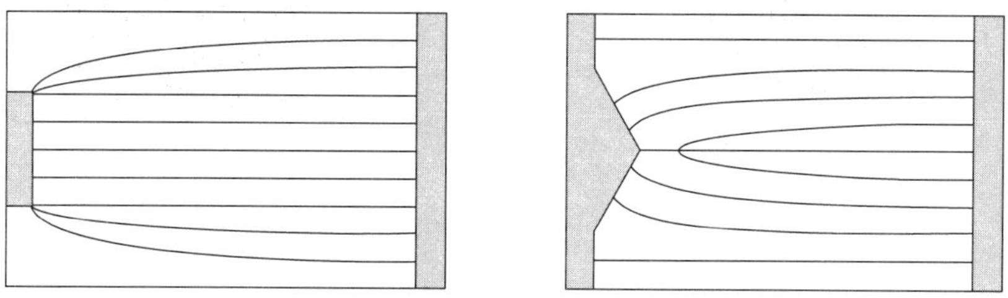

(b) 역 펄스 도금 동안 매끈한 도금 표면이 된다.

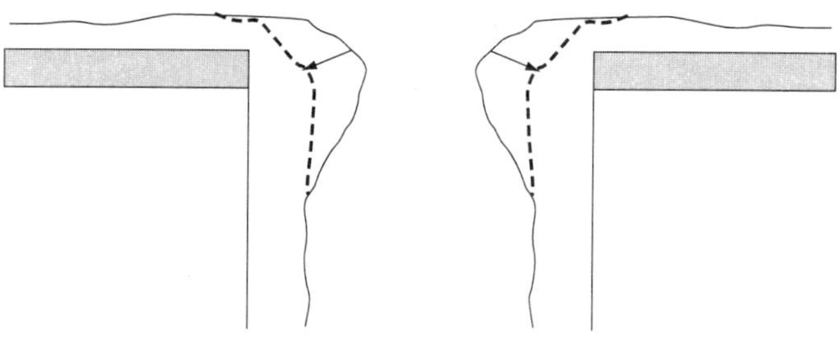

(c) Through hole 모서리에 dog bone 효과 감소 덕분에 역 펄스 도금 동안 홀 내부로 대량 이동이 증가한다.

[그림 4-13] reverse pulse 도금의 표면 도금 영향 및 Throwing power의 확산 영향

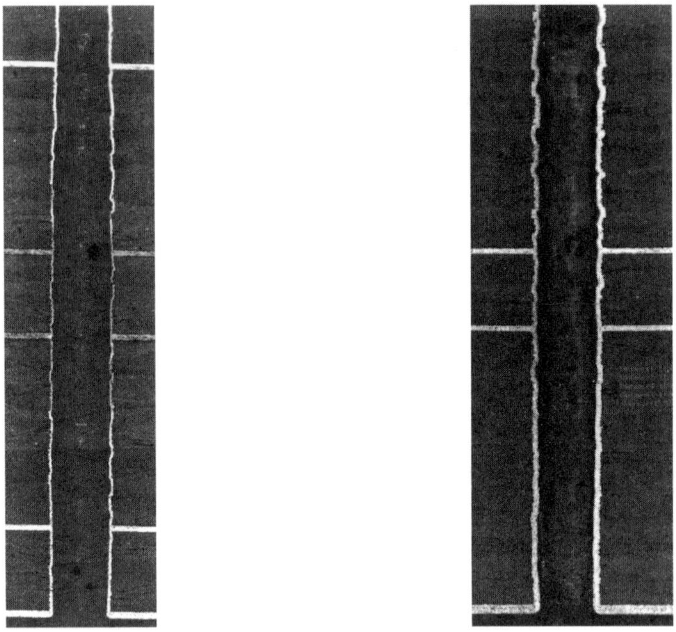

(a) DC plating　　　(b) PPR plating

[그림 4-14] 물리적 특성 VS. Cu^{2+} 농도의 graph(Cl^- 농도는 30ppm)

위의 그림 4 - 14는 aspect ratio가 10.8의 Via hole로 도금하기 어려운 hole을 30A/ft2의 전류밀도로 DC 및 PPR 도금된 hole 속 X-section 사진을 보여주고 있는데 이 그림에서 알 수 있는 것은 PPR 도금된 홀 속의 도금상태(두께, 균일도 등)가 DC 도금된 홀 속과는 큰 차이를 보일정도로 양호한 것을 알 수 있다.

② inductance의 영향
- 전류가 변화할 때 magnetic field(자기장)가 유도된다.
- inductance는 Impedance를 야기한다.
- inductance는 정류기내의 inductance는 제조사에 따라 달라진다.
- Cable의 inductance는 Cable 길이에 따라 달라진다.
- 작업 탱크로 부터의 inductance는 bus bar와 cathode cable의 근접 접촉 여부에 따라 달라진다.

③ Capacitance의 영향

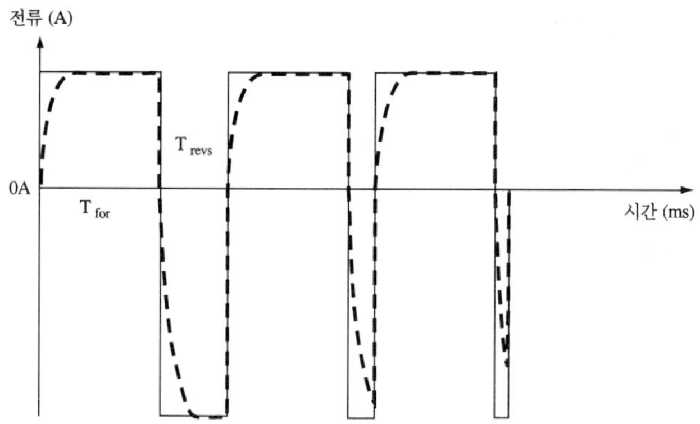

[그림 4-15] reverse pulse 적용시간(Trev 〉 tc) (tc=rc)

④ 제품의 사양(hole∅, aspect ratio 등)에 따른 multi pulse reverse wave form의 적용이 달라진다.

3) additives

① Brightner
- 유기 혼합물로 황산, 음이온, 양이온 등의 계면활성제로 구성되어 있다.
- 비극성화하여 Cu의 환원 활성 potential을 감소시킨다.
- Cu의 성장 속도를 증가시킨다. 즉, accelerator의 역할을 한다.
- 고 품질의 Cu를 형성하기 위한 fine Cu 입자 형성에 영향을 미친다.

② Carrier
- Polyether 혼합물과 non-ion계면 활성제로 구성되어 있다.
- 환원 활성 potential을 증가시킨다. 즉, 극성화를 촉진한다.
- Cu의 성장 속도를 감소한다. 즉, inhibitor의 역할을 한다.
- Cathode 표면의 Cu의 확산에 영향을 미친다.

③ Leveller
- amine 혼합물로 음이온, 양이온 등의 계면 활성제로 구성되어 있다.
- 고 전류밀도에서 Cu의 성장 억제, 저 전류 밀도에서 Cu의 성장 가속제로 작용한다.
- 쉽게 붕괴되고 분석이 어렵다.
- 부산물이 생성된다.

4.5.3 요약

1) 두꺼운 기판의 through hole에 reverse pulse 도금으로 Throwing power, 확산, 신율 연성 등이 DC 도금보다 훨씬 뛰어나다.

[도표 4-4] Cu의 연성/항장력 비교

		No.	1	2	3	Ave.
신율 (%)	30ASF	전	29.0%	30.4%	25.8%	28.4%
		후	33.6%	29.7%	24.40%	29.2%
	25ASF	전	25.7%	24.1%	28.2%	26.0%
		후	27.4%	28.70%	25.80%	27.3%
항장력 (kpsi)	30ASF	전	38.8	38.1	36.7	37.9
		후	40.4	43.6	37.8	40.6
	25ASF	전	42.1	42.8	39.8	41.6
		후	33.8	33.6	36.1	34.5

위 도표 4-4에서 보면 연성(신율)은 전류밀도가 높을 때 더 높게 나타났고, 반면 항장력은 전류밀도가 낮을 때 높게 나타나는 것을 알 수 있다.

[도표 4-5] Cu의 표면 확산율

30ASF								
	%	1-L-25	1-M-25	1-R-25	2-L-25	2-M-25	2-R-25	AVE
전	3σ/X:	14.7	15.3	11.6	11.6	14.4	11.6	13.2
후	3σ/X:	15.2	15.5	14.8	15.3	14.2	14.4	14.9
25ASF								
	%	1-L-30	1-M-30	1-R-30	2-L-30	2-M-30	2-R-30	AVE
전	3σ/X:	14.6	12.8	13.8	13.3	12.5	14.6	13.6
후	3σ/X:	14.8	14.8	10.6	14.9	13.9	15.2	14.0

Hole = 16mil A/R : 15 | 20mil A/R : 12 | 24mil A/R : 10

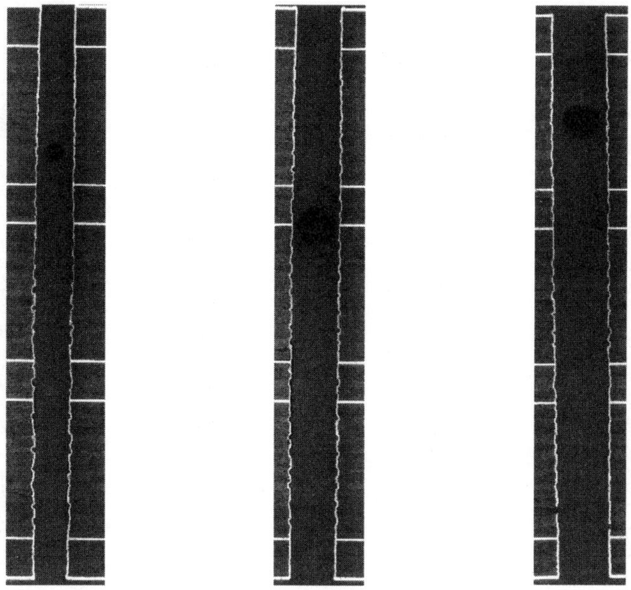

T/P (Min)=58% | T/P (Min)=67% | T/P (Min)=77%

[그림 4-16] 6.1mm 기판의 Throwing power(Ø 별) X-Section 사진(25 ASF 적용 시)

Hole = 12mil A/R : 17 | 16mil A/R : 13 | 20mil A/R : 10

T/P (Min)=62% | T/P (Min)=70% | T/P (Min)=80%

[그림 4-17] 5.1mm 기판의 Throwing power(Ø 별) X-Section 사진(30 ASF 적용 시)

30ASF (45분 도금)　　　30ASF (60분 도금)

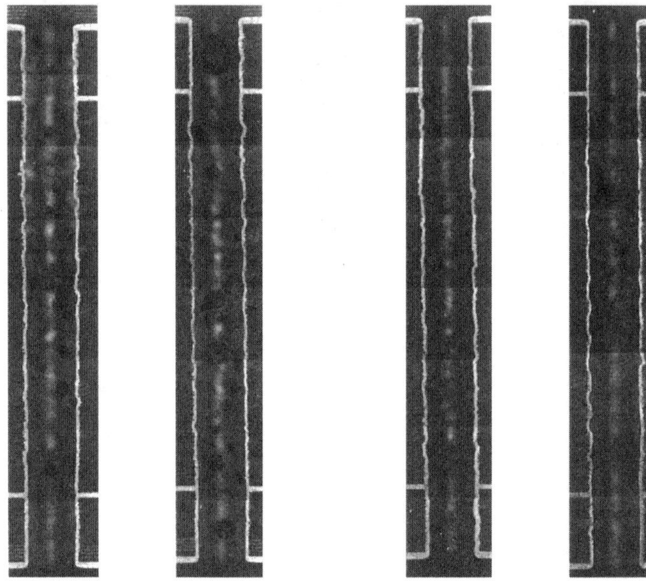

T/P (Min)=92%　　　T/P (Min)=97%

[그림 4-18] 3.2mm/∅0.3의 전류밀도별 Throwing power의 x-section 사진

앞의 그림 4 - 16, 그림 4 - 17, 그림 4-18은 aspect ratio가 10 이상의 도금하기 어려운 홀의 도금된 모습들을 보여주고 있으며 Throwing power가 상당히 양호한 것을 알 수 있다.

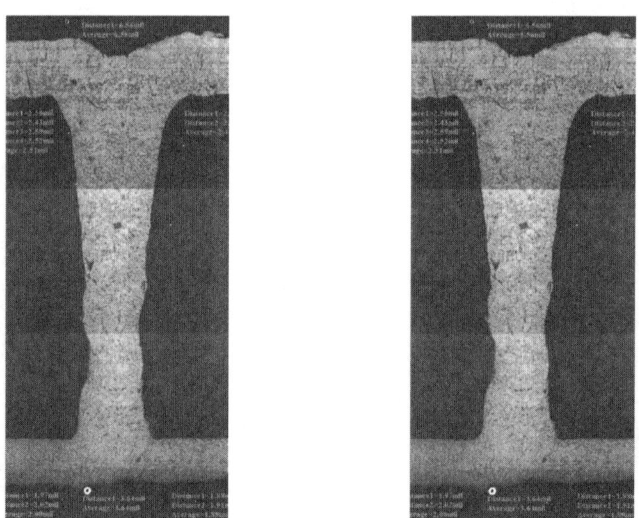

[그림 4-19] 0.38mm 두께/∅ 0.1 hole 및 ∅ 0.15 hole의 40ASF 도금의 신뢰성 X-SECTION

앞의 그림 4 - 19는 열 충격(soldering) 후 홀 속 모습으로 양호함을 보이고 있다.

2) 고 효율의 Brightner가 적용된 수직 reverse pulse 도금이 3.2t 이상의 두꺼운 기판에 최적이다.

① aspect ratio가 10:1 이하의 through hole의 Throwing power는 거의 100% 정도가 됨을 알 수 있다(30ASF 적용 시).

② 확산율은 수평과 거의 동일하다.

③ Cu의 연성이 뛰어나다. 즉 연신율이 27% 이상이 됨을 알 수 있다.

④ 도금 시간을 단축할 수 있다.

⑤ 수율이 향상된다.

⑥ 단가가 수평보다 낮다.

4-6 High density PWB 적용용 전기 Tin 도금

4.6.1 개요

1) PCB의 제조는 pattern 도금과 panel 도금으로 크게 분류된다.
2) 패턴 도금 공법은 다음과 같은 장점이 있다.
   - etching 시간을 단축할 수 있다.
   - 불량률을 감소할 수 있다.
   - under cut를 감소할 수 있다.

작은 pad의 annular ring 제조가 가능하다.

   - landless Via의 high density 회로를 제작할 수 있다.

3) 전기 Tin은 etch resist로 적용된다.
4) fine line 제조 시 표면과 홀의 두께 분포의 균일성, Throwing power가 높아야 한다.
5) D/F의 공해 성분의 영향에 대해서 확인이 필요하다.
6) D/F Stripper에서의 attack여부를 확인할 필요가 있다.

4.6.2 Technical data

1) Tin 도금의 영향

① Tin 도금의 D/F Stripper에 의한 Corrosion 영향

   - Tin 도금의 세 가지(sulfate Base 1종, MSA Base 2종)를 적용하여 시험하였다.
   - Tin 도금 조건은 전류밀도를 15ASF 및 30ASF로 두 가지로 해 보았다.
   - D/F Strip test는 3% NaOH, 52°C로 2m/분(4m 쳄버길이)로 하였다.

- Tin 격자 구조는 SEM 촬영으로 검사하였다.
- Tin 두께는 D/F Strip 전 후에 x - ray로 측정 비교하였다.
- 측정 부위는 ground 회로와 밀집 및 격리된 회로로 하였다.

[도표 4-6] 다양한 Tin 도금 조건의 시험 항목

Test No.	Type of Tin	Current Density (ASF)	Dry Film Contamination
1	Su lfuric Acid	15	No
2	Su lfuric Acid	30	No
3	Su lfuric Acid	15	Yes
4	Su lfuric Acid	30	Yes
5	M SA-1	15	No
6	M SA-1	30	No
7	M SA-1	15	Yes
8	M SA-1	30	Yes
9	M SA-2	15	No
10	MSA-2	30	No
11	MSA-2	15	Yes
12	MSA-2	30	Yes

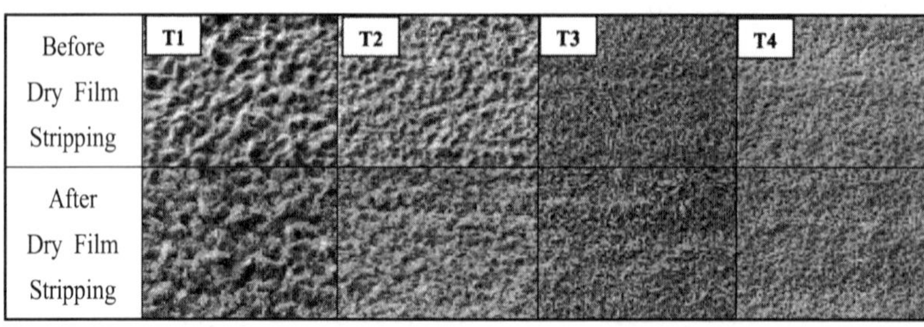

[그림 4-20] Tin 도금 구조(Test1~4)

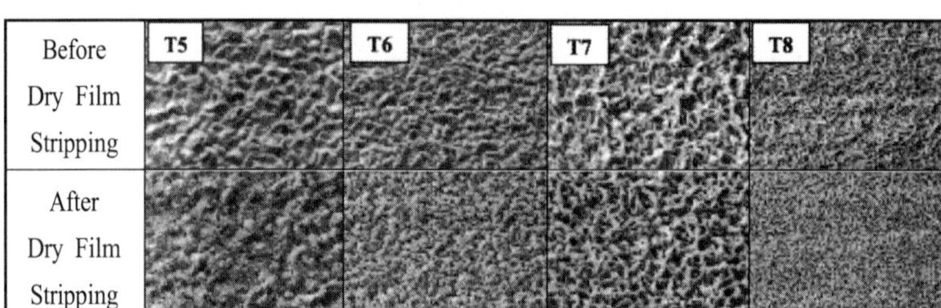

[그림 4-21] Tin 도금 구조(Test5~8)

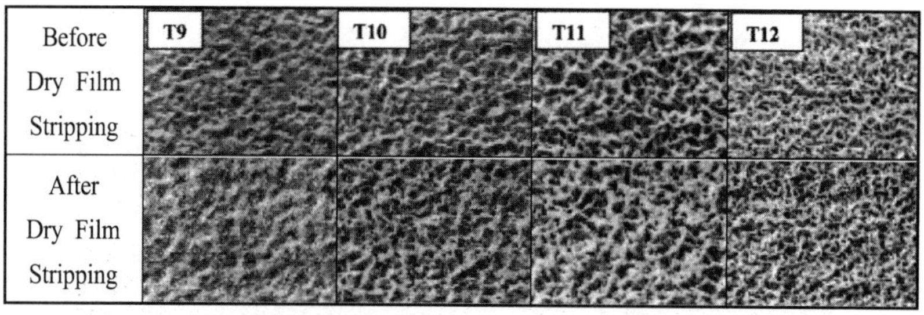

[그림 4-22] Tin 도금 구조 (Test 9~12)

위 그림 4-20~그림 4-22는 도표 4-6의 Test 시편별 D/F Strip 전, 후의 Tin 도금표면 사진들을 보여주고 있다.

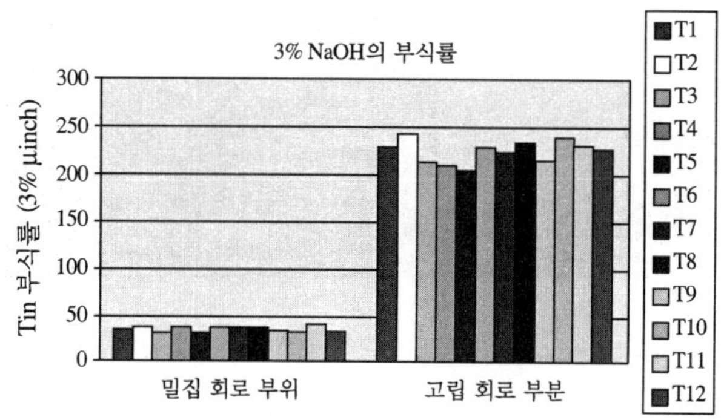

[그림 4-23] 여러 도금 조건 하에서 D/F stripper의 고립된 회로의 Tin Corrosion 영향

위 그림 4-23에서 보듯이 동일 조건의 Tin 도금 시편에서 고립된 회로의 Tin의 D/F Stripper의 Corrosion 율이 높음을 알 수 있다.

② D/F Stripper로 인한 Tin Corrosion은 Tin의 종류, 전류밀도, D/F Contami- nation 정도 등에 영향을 끼치지 못하고, Tin/Copper ratio영역에 관계가 있다.
즉, 격리된 회로에는 밀집된 회로보다 높은 Tin 도금 두께가 필요하다.

2) D/F Strip에서의 첨가제의 Tin Corrosion 영향

① Strip 방식이 Corrosion에 큰 영향력이 있다.
② Spray + immersion 방식이 큰 효과가 있다. Spray가 Oxygen을 증가시킨다.
③ 특정 additive에 의해서 Corrosion 율을 격감시킬 수가 있음을 알 수 있다.

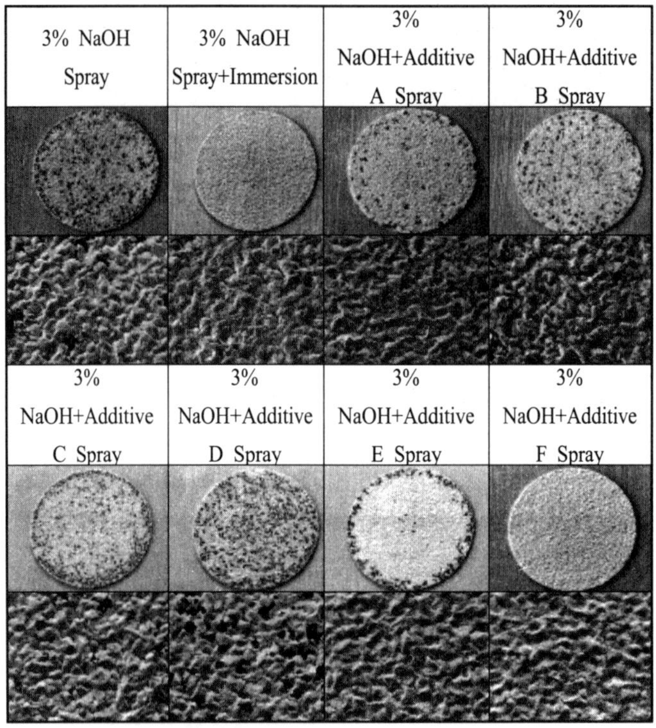

[그림 4-24] D/F Strip 후의 Tin 도금 표면 사진

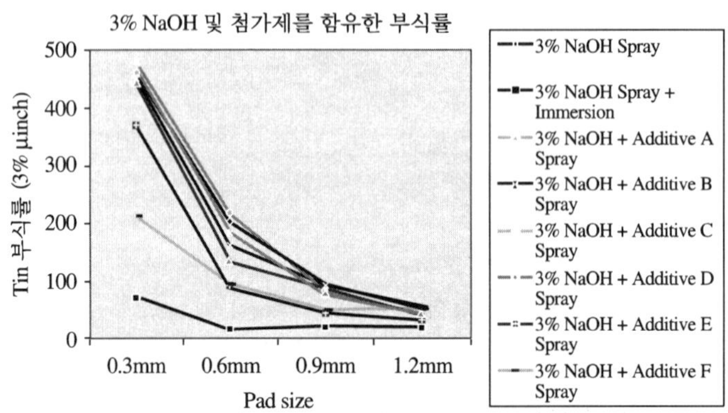

[그림 4-25] D/F Strip & 다른 종류의 additive에 따른 Tin Corrosion 율

④ pad size가 tin corrosion 율에 큰 영향을 미친다.
pad size가 줄어든 만큼 Tin corrosion이 증가한다.
또한, 격리된 회로 영역이 밀집된 회로 영역보다 심한 Corrosion을 야기한다.

Chapter 05 Cu Via fill 도금

5-1 Cu Via fill 도금

5.1.1 개념

1) 현재 Via hole

- Build up PCB의 Key가 되는 Process이다.
- 경박 단소화의 추세이다.
- high - Density(고집적화) 추세이다.

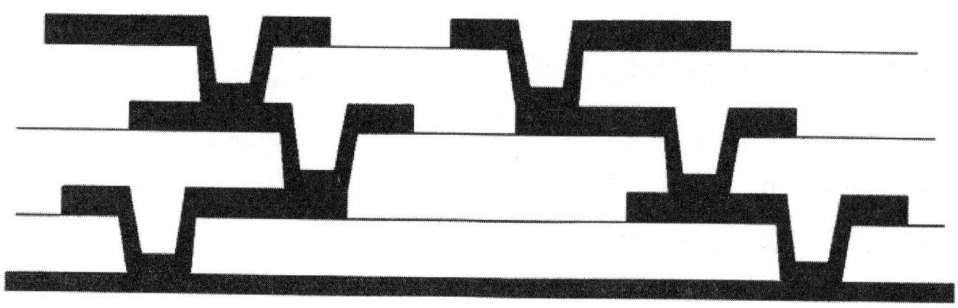

[그림 5-1] Via hole 추세

2) Via hole의 Stack화

- high - guality cpu의 도래화를 위해 Via Stack이 필요하다.
- 동시에 더 작은 면적이 실현되어야 한다.
- Stack Via를 위해 Via fill의 요구가 필요하다.

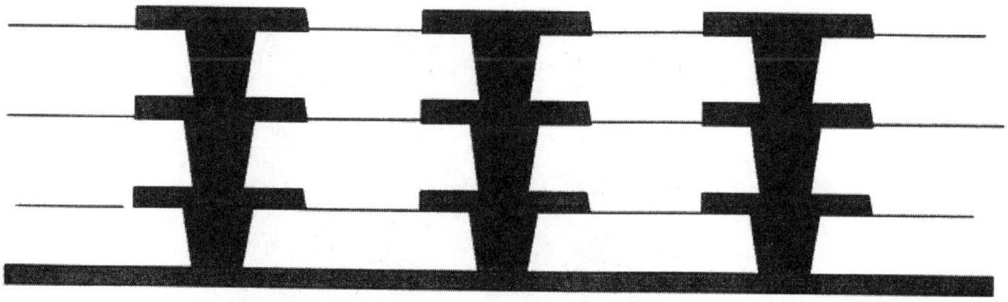

[그림 5-2] Via fill(Stack via)

5.1.2 Via fill Cu 도금업체

- NTK(Nihon Tokushu Kogyo. K. K)
- Shinko

- Ibiden
- Kyosera
- Nanya

5.1.3 Via fill Cu 도금설비

1) 일반적인 DC도금설비가 약간의 개조로 사용가능하다.
2) Via fill과 Through hole 둘을 위한 특수용액 delivery System이 필요하다.
3) 수직 도금 및 agitation이 적절하다.

5.1.4 Via fill *Cu* 도금의 일반적인 특징

1) Via hole ∅ : ∅50 ~ 100μm 정도에 적용된다.
2) Via hole 깊이 : 30 ~ 50μm 정도가 일반적이다.
3) 표면도금두께 : 20μm을 평균으로 한다.
4) Conformal Via fill에 적용된다.
5) full Cu Via fill도 적용할 수 있다.

5.1.5 Via fill의 원리

1) 약품 성분중 DCA와 PCA가 Via fill의 가속/억제제로 작용한다.
2) DCA는 via hole과 표면에 도금 Potential을 억제 또는 제거하므로 Cu도금을 가속화하는 역할을 한다.
3) PCA는 Cu표면에 도금이 되게 하면서 어느 정도 억제하면서 도금이 되게끔 역할을 한다.

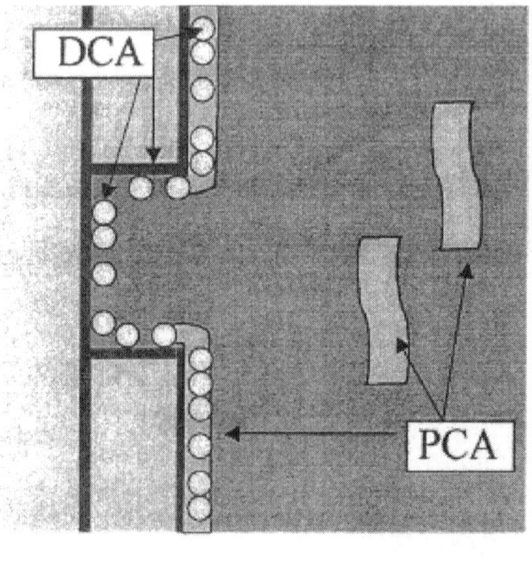

[그림 5-3] Via fill 도금액의 DCA, PCA의 도금원리

5.1.6 Via fill Cu도금 조건

1) Bath 용액 조성

- Cu농도는 18 ~ 55g/ℓ 범위에서 이루어진다.
- H_2SO_4(황산)농도는 100 ~ 200g/ℓ 정도이다.
- Cl^-는 50 ~ 70ppm 정도이다.
- PCA는 1mℓ/ℓ로 조성한다.
- DCA는 50%(Vol)으로 하고, 전류밀도는 1Amp/dm^2, 25℃ 온도에서 5분 도금을 실시하면 된다.

2) 도금 Cu의 hardness는 200±10HV 정도이다.
A.H.T(heat처리 150℃, 2시간후)에는 100±5HV로 절반정도 떨어짐을 알수있다.

3) 용액 분석

- Cu, Cl^-, H_2SO_4 : 화학적 분석이 필요하다.
- 광택제는 CVS분석이 요구된다.

5-2 Filled Micro Via 원리 및 적용

5.2.1 개념

1) PCB의 경박단소화의 결과 Micro Via를 Filling 함으로써 공간 활용을 극대화할 수 있다.
2) Micro Via의 도금 전·후의 Aspeet Ratio의 변화 ; Throwing Power가 일정치 않고, 도금 시간에 의존한다.

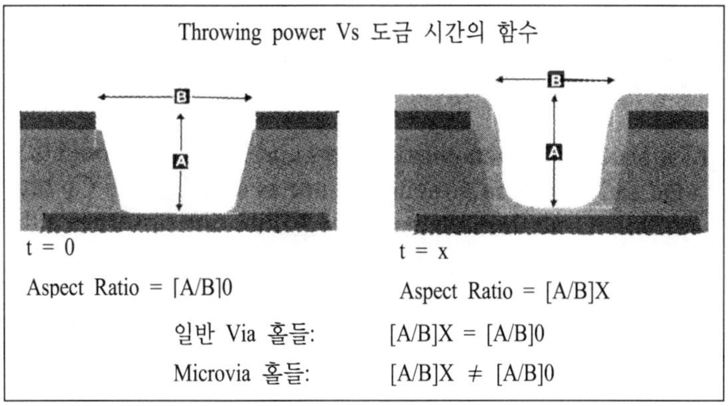

[그림 5-4] Cu 도금동안 BMV(Blind Micro Via)의 Aspect Ratio의 변화

위 그림 5-4에서 보듯이 Cu가 도금되는 동안 일반적인 Via Hole은 시간경과에 따라

Aspect Ratio가 변하지 않지만, Blind Micro Via Hole은 시간 경과에 따라 Aspect Ratio가 처음과는 달라지는 양상을 보인다.

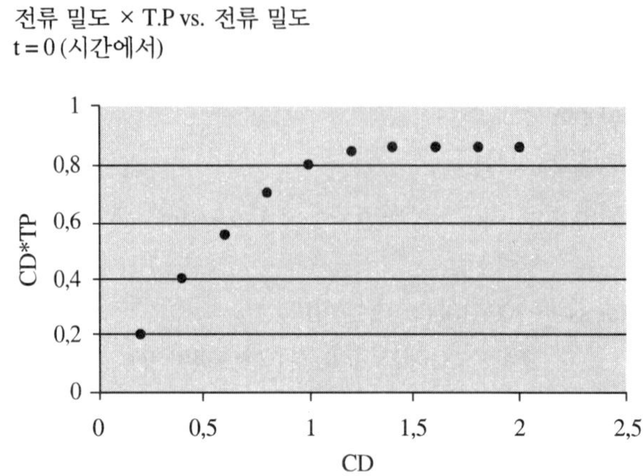

[그림 5-5] CD의 변화에 따른 CD×TP의 관계도

위 그림 5 - 5에서 알 수 있듯이 CD가 상승함에 따라 CD×TP의 값이 함께 상승하다가 CD가 약 1.2 이상에서는 CD×TP가 일정함을 알 수 있다.

TP(Throwing Power)는 일반적으로 CD(Current Density), 홀∅, 홀 깊이(두께)의 함수로써 표현할 수 있다.

5.2.2 적용

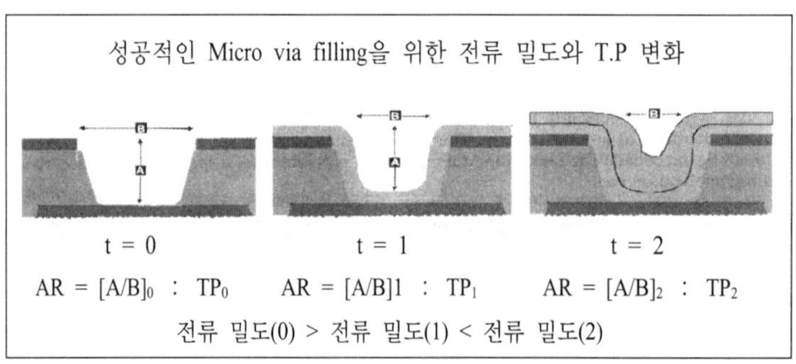

[그림 5-6] Via Filling Process

위 그림 5 - 6에서는 Via Filling시 t=0, t=1, t=2 변화 시 AR 변화와 그에 따른 CD의 적용을 보여주고 있고 이렇게 함으로써 성공적인 Micro Via Filling이 되는 것을 알수 있다.

1) 수평 Cu 도금 Line적용

수평 Cu 도금 시에는 용해된 Cu Anode를 사용하고, Reverse Pulse 도금 정류기를 적용한다.

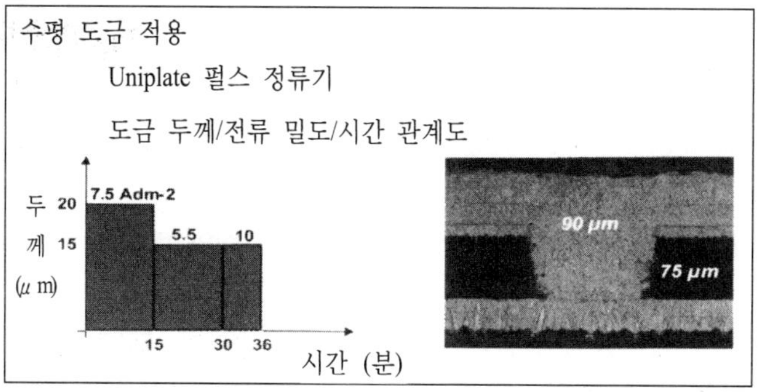

[그림 5-7] Filled Blind Micro Via의 도금 조건과 X-Section 사진

위 그림 5 - 7에서와 같이 BMV 도금 시 도금시간에 따른 CD의 변화조건과 AR=$\frac{75}{90}\simeq 0.83$의 BMV의 Filling 도금된 홀의 모습을 보여주고 있다.

2) 수직 Cu 도금 Line 적용

수직 Line에서 Filled Via 도금의 Chemical Factor는 다음과 같다.

① Cu 이온 농도(Cu^{2+})

② 광택제의 성능

③ Cu^{-} 농도

④ 온도

⑤ Agitation 방식

작업 조건
시간: 60 min
전류 밀도: 2 A/dm^2
교반: Jet Stream
Additive: A
Via 홀 치수: 90/40 μm

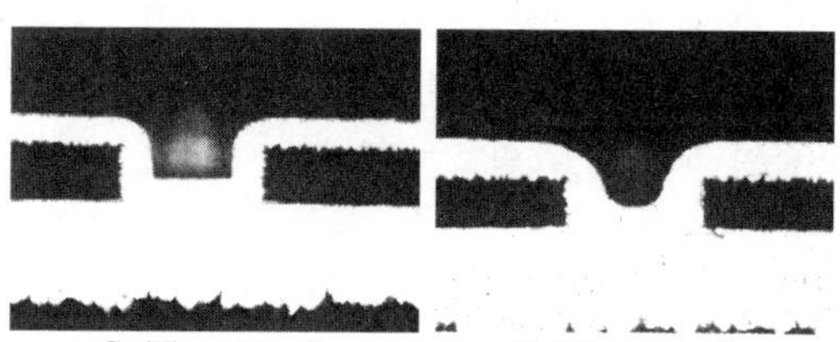

[그림 5-8] Cu 농도별 Via Filling의 차이

작업 조건
시간: 60 min
전류 밀도: 2 Adm^2
교반: Jet Stream
Additive: A
Via 홀 치수: 90/40 μm

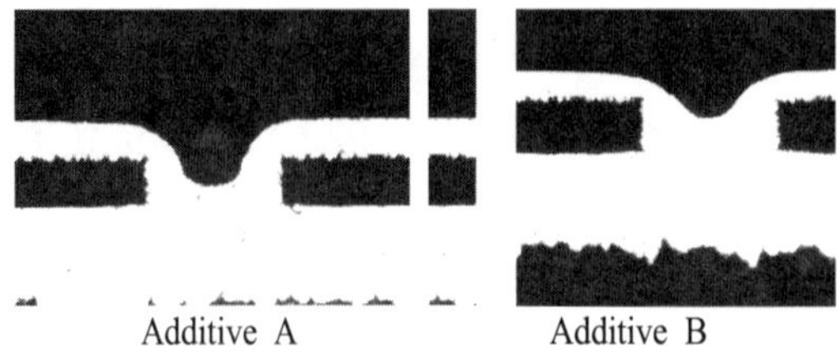

[그림 5-9] 광택제의 Leveller 첨가제 종류에 따름 Via Filling의 차이

앞의 그림 5 - 8에서도 알 수 있듯이 Cu 농도가 높아짐에 따라 Via Filling에 유리함을 알 수 있다.

또한, 그림 5 - 9에서는 광택제의 첨가제(Leveller)의 종류에 따라 additive B가 additive A보다 도금율이 좋음을 알 수 있다.

작업 조건
시간: 60 min
전류 밀도: 2 Adm^2
교반: Jet Stream
Additive: A
Via 홀 치수: 50/40 μm

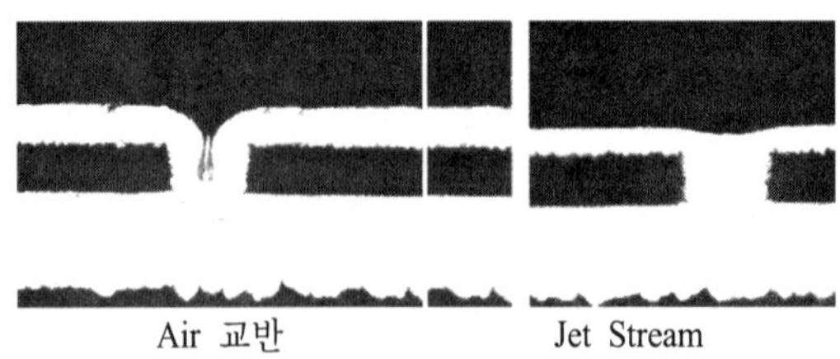

[그림 5-10] agitation에 따른 Via filling 차이

위 그림 5-10에서는 agitation 방식에서 air agitation 방식과 Jet Stream agita- tion 방식을 적용 시 BMV filling의 현저한 차이를 보임을 알 수 있다.

5.2.3 Through Via의 filling

일반적으로 PCB에는 BMV만 있는 것이 아니라 Through Via 역시 있는데 BMV filling의 경우는 위에서 설명을 하였고, 여기서는 BGA의 초 박판 기판에 Laser Drill 된 Micro Via 홀의 filling 도금된 모습이 그림 5 - 11에 보여주고 있다.

Cu - Ni - Au Pattern Plating
전류 밀도: 1.5 A/dm^2
도금 시간: 60 min
Cu 두께: 20 μm

기술: T-BGA
PTH 치수: 50 × 30 × 20 μm
드릴: Laser
재질: Polyimid

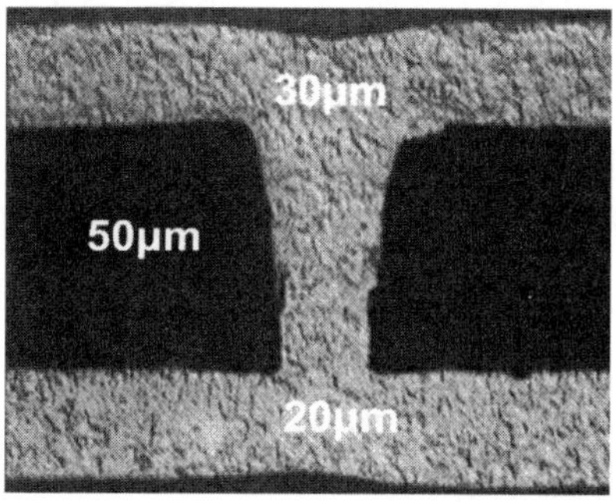

[그림 5-11] BGA 재질에 도금된 filled Through Micro Via의 모습

5-3 BMV(Blind Micro Via) Filling & T.H(Through hole) 도금 기술

5.3.1 개요

1) Micro Via Filling을 도금으로 해야 하는 이유는 Cu 도금된 Micro Via가 불순물이 없이 홀을 형성하는 것이 가능하기 때문이다.
2) Build up 층 사이의 연결 Micro Via로써 filling 되면 신뢰성이 향상된다.
① conductive paste로 filling 시 via ∅를 축소시키는 것은 인쇄한계로 불가능하다.
② S/M의 Micro Via의 Air 포집을 사전 Via filling 도금을 하여 방지할 수 있다.
③ filled micro via는 최소 허용치의 dimple 내에서는 직접 부품 실장이 가능하다.
④ filled micro via는 부품의 열을 제어하는 용도로도 가능하다.

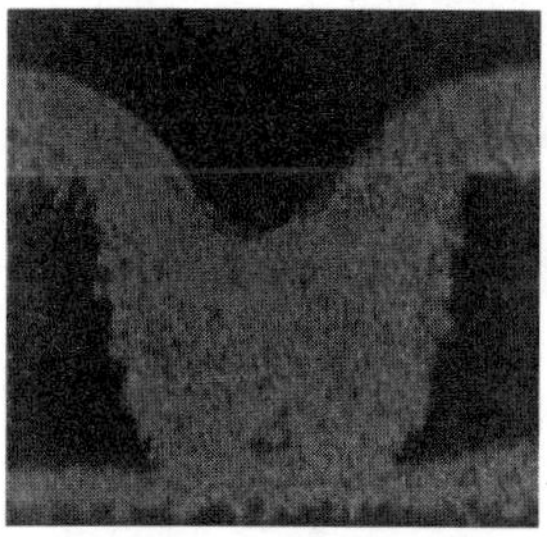

[그림 5-12] 대표적인 filled blind micro via (BMV) 홀의 x-section 사진

[도표 5-1] via filling 도금과 일반 T.H 도금의 무기 성분 용액 비교

	Copper	Sulphuric Acid	Chloride Ions
Conventional	18 - 25 g/l	220 - 260 g/l	30 - 60 g/l
Via Fill	35 - 60 g/l	60 - 150 g/l	30 - 60 g/l

앞의 도표 5 - 1에서 보면 알 수 있듯이 Via filling 도금액에서 Cu 농도는 T.H 도금액의 약 2배 이상이고, 황산 농도는 T.H 도금액보다 상당히 낮은 것을 알 수 있다.

3) 용액의 Balance

① 무기 용액은 Cu 농도가 일반 도금보다 높고, 황산 농도는 일반 도금보다 낮으며, 염소 농도는 비슷함을 알 수 있다.

② 유기 용액에서는 일반 용액보다 Leveller 성분이 중요하다.

③ 중요한 것은 T.H의 T.P 표면 확산율과 Via filling의 조건이 서로 부합되는 최적 조건의 setting이 관건이다.

④ 전류 밀도는 0.8~1.5A/dm^{2}가 적당하다.

5.3.2 Technical data

1) horizontal 적용(atotech inpulse process)

① 수평 Pulse 도금 방식일 경우에 전류 밀도는 8 ~ 10A/dm^2, Cu 농도는 35 ~ 40g/l에서 적용된다.

② 용액의 흐름은 강력하게 flow되게 설비 보완되어야 한다.

③ atotech 수평 pulse 도금 system으로 진행된다.

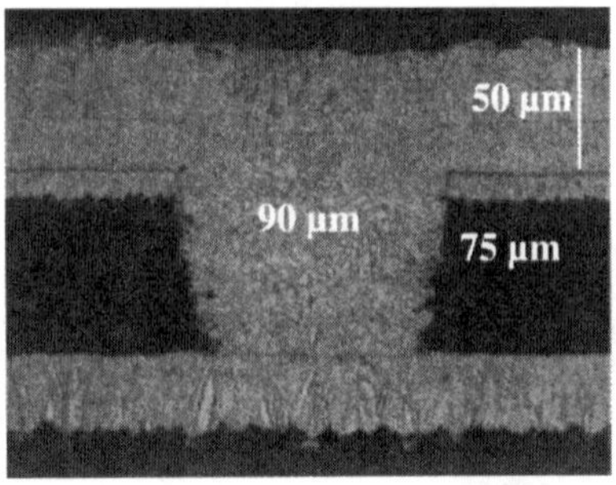

[그림 5-13] 변경된 전류 밀도와 pulse 채용으로 filled blind micro via 도금된 홀의 x-section도

(20μm 도금까지 7.5A/dm^2 적용 ➜ 5.5 A/dm^{2}로 pulse 채용도금으로 15μm 도금 ➜ 9.0 A/dm^{2}로 15μm 도금 ; 표면위에 도금된 Cu50μm)

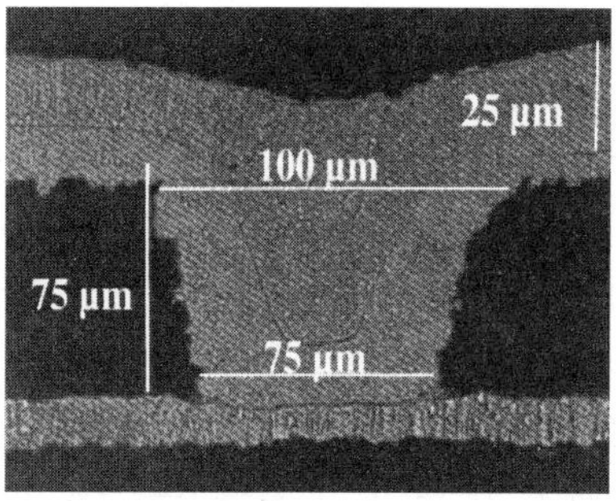

Process sequence:
Pre-treatment: P/Compact CP
Plating: Uniplate Inpulse
1. 4 minutes DC at 3 ASD +
2. 4 minutes AC at 4 ASD +
3. 24 minutes AC at 4 ASD and changed pulse parameter.
Plated copper on surface: 26μm
Remaining dimple: < 15μm

[그림 5-14] 변경된 전류 밀도와 pulse 채용으로 도금된 filled blind micro via의 x-section 사진

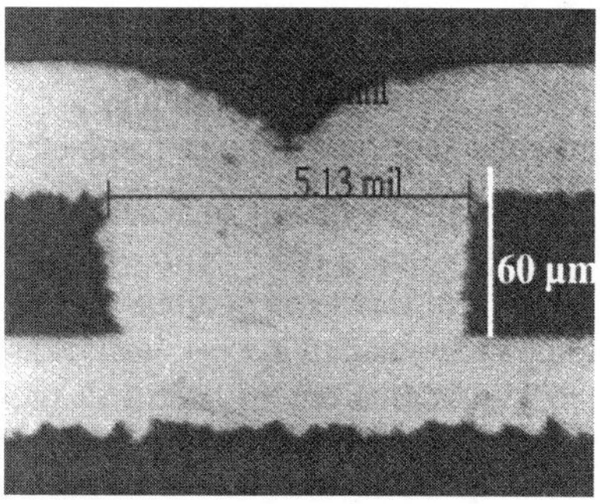

Process sequence:
Pre-treatment: P/Uniplate LB
Plating: Uniplate Inpulse
12 minutes DC at 3.5 ASD +
12 minutes AC at 3.5 ASD with varied pulse parameter +
12 minutes AC at 5.5 ASD
Plated copper on surface: 33μm
Remaining dimple: < 30μm

[그림 5-15] 변경된 전류 밀도와 pulse 채용으로 도금된 filled blind micro via의 x-section 사진

그림 5 - 14에서는 1.2.3 단계의 도금단계를 거쳐 표면 25μm, dimple 15μm 이내의 양호한 filled micro via 가 형성된 것을 보여주고, 그림 5 - 15에서 1.2.3 단계의 조금 다른 도금 단계를 거쳐 표면 33μm, dimple이 30μm 정도로 양호하지 못한 filled micro via의 모습을 보여주고 있다.

④ T.H의 throwing power와 BMV filling이 동시에 충족되어야 한다.

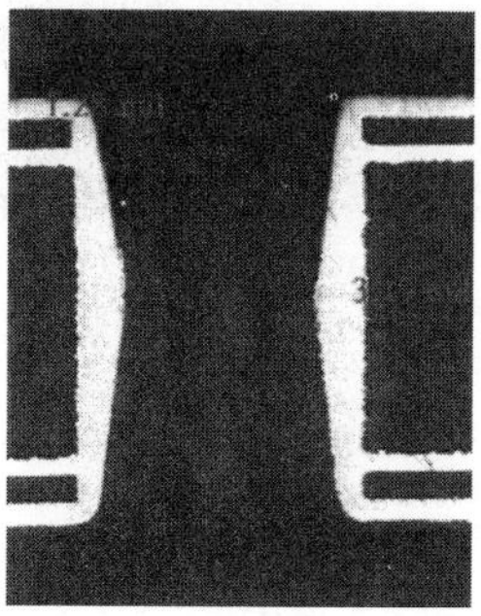

두께: 0.7 mm
직경: 0.5 mm
평균 전류 밀도: 4.2 ASD
표면 위 도금된 Cu: 33μm
hole 속 도금된 Cu: 80μm

[그림 5-16] BMV filling 조건하에서 동시 도금된 through hole의 x-section 사진

앞의 그림 5 - 16에서 보듯이 BMV filling의 도금 조건으로 T.H을 도금하였을 때, 보드 두께 0.7t, hole ∅ 0.5mm의 평이한 홀 속 도금 상태가 표면이 33μm인 반면에, 홀 속 정 중앙에서는 80μm으로 도금됨으로써 T.H의 T.P에 심각한 문제를 발생시켰음을 보여주고 있다.

따라서 BMV와 T.H이 동시에 내장되어 있는 PCB의 도금에 있어서 새로운 방법의 모색이 필요하다.

⑤ 표면의 낮은 동 두께와 홀 속의 과잉 동 두께 등의 석출을 극복하기 위해서는 전류 밀도를 낮추거나, solution flow 개선을 위한 부수적인 장비의 보완이 필요하고, 부피를 감소시켜야 한다.

[그림 5-17] 이상적인 수평 도금 구조(solution flow의 최적화를 위한)의 측면 구조

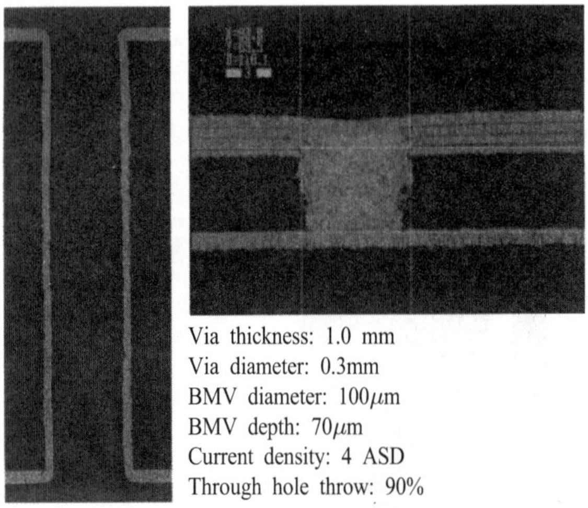

[그림 5-18] 새롭게 설계된 설비로 동시에 T.H과 BMV 도금된 홀의 X-section 사진

앞의 그림 5 - 18은 보완된 설비로 BMV와 T.H을 동시에 도금하여 얻은 결과로 모두 양호한 결과를 얻었다.

2) Vertical의 적용

① 1 μm의 무전해 화학동과 전류 흐름이 아주 좋은 분포, 고전류에서도 Burning되지 않는 구조가 필요하다.
② 첨가제의 Leveller 성분의 기능이 우수해야 가능하다.

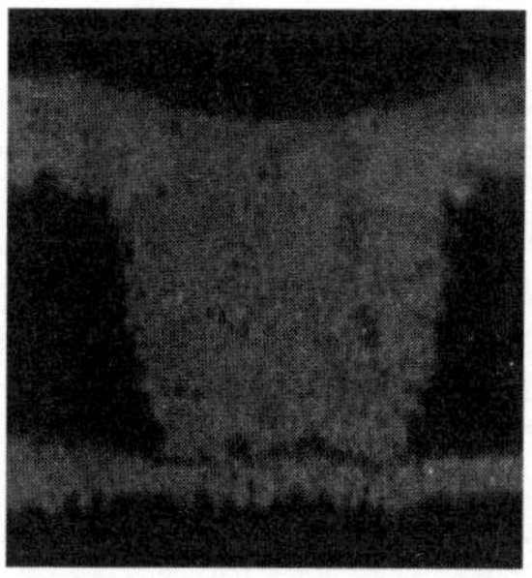

평균 10μm 도금된 Cu의 dimple 형성

[그림 5-19] dimple을 낮추는 향상된 Leveller를 사용한 Vertical 도금을 실시한 filled blind micro via 홀의 x-section 사진

③ 향상된 Leveller는 T.H의 Corner flattering을 야기하여 soldering 시 영향을 미칠 수 있다.

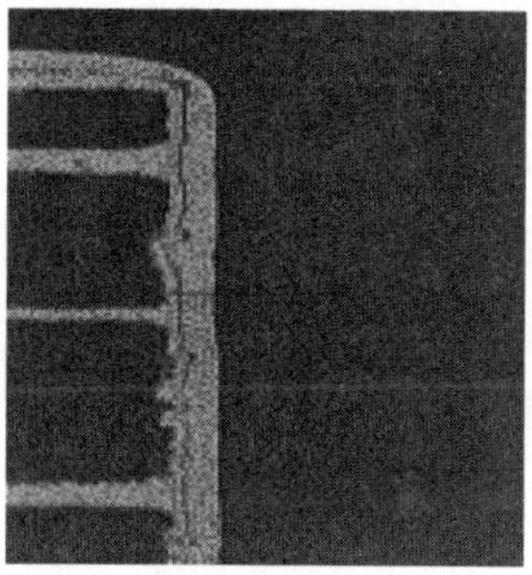

[그림 5-20] 강한 Leveller를 사용하여 도금된 T.H의 Corner flattering 모습

PCB 표면처리 기술(상)

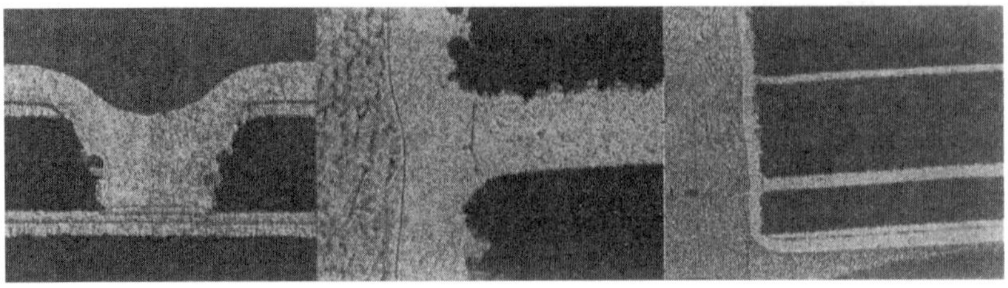

[그림 5-21] 동일 보드에서의 T.H과 filled via 홀의 모습

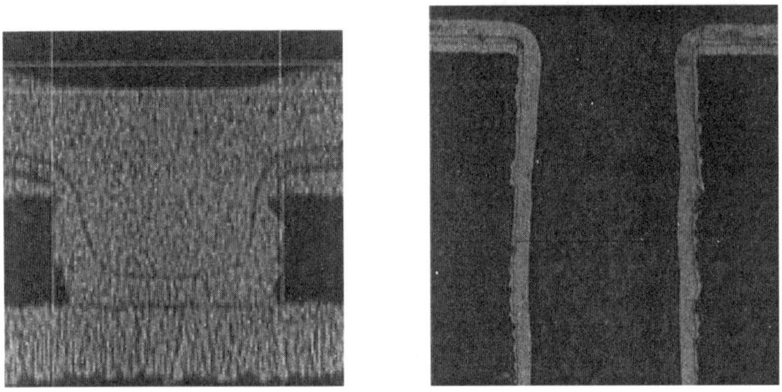

[그림 5-22] 정형화된 도금 설비(수직형)에 의해 도금된 filled via와 T.H의 X-section 사진

Chapter 06 Direct metalization

6-1 Direct metalization

6.1.1 개념

PCB의 홀 속 Through hole도금에 P.T.H(electroless Cu Plating)를 사용하지 않고 절연체 부위에 선택적으로 도전성 물질을 Coating하여 Through hole화하는 방식을 의미한다.

6.1.2 방식

1) Black hole process

Black hole을 Carbon을 사용하는 것과 Graphite를 사용하는 것이 있다.
다음은 Carbon black과 Graphite의 SEM 사진이다.

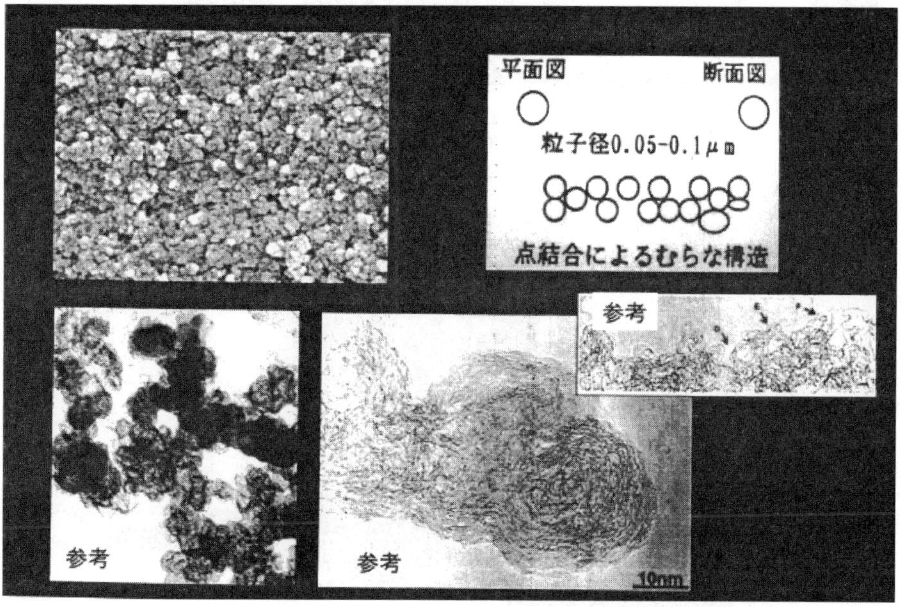

[그림 6-1] Carbon black SEM 사진

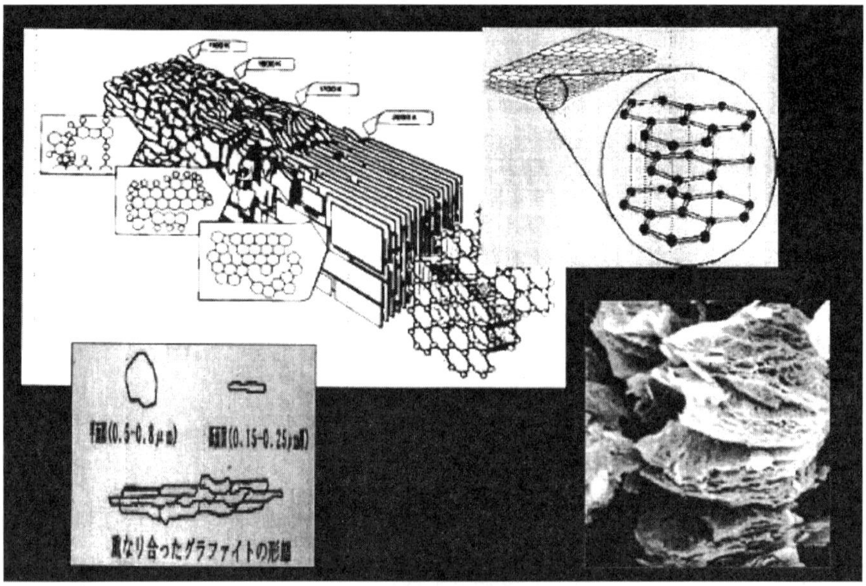

[그림 6-2] Graphite의 SEM 사진

또한, Carbon black과 Graphite의 금속 입도 사진이 다음과 같다.

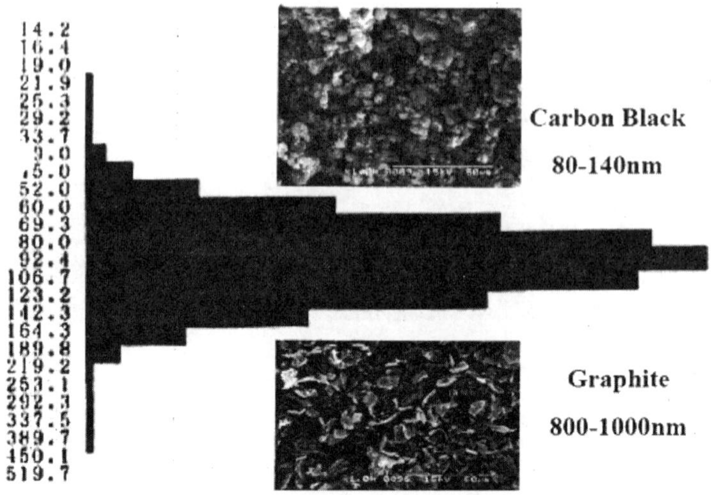

[그림 6-3] Carbon black과 Graphite 금속 입도 비교도

① Carbon black 흡착 원리

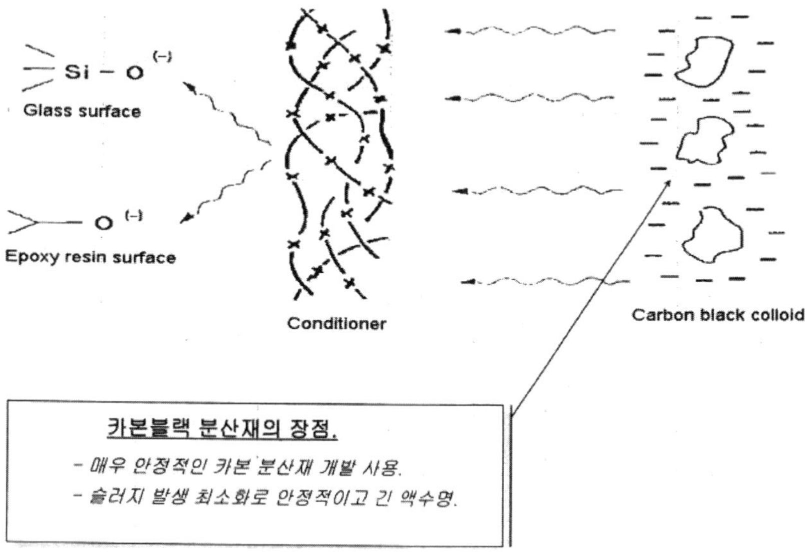

[그림 6–4] Carbon black 흡착 모식도

② black hole process

· Rigid PCB

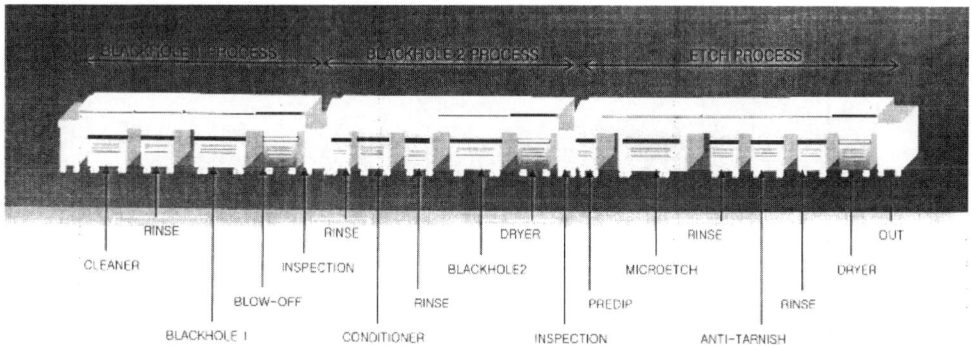

[그림 6–5] Rigid PCB black hole process

· flexible PCB

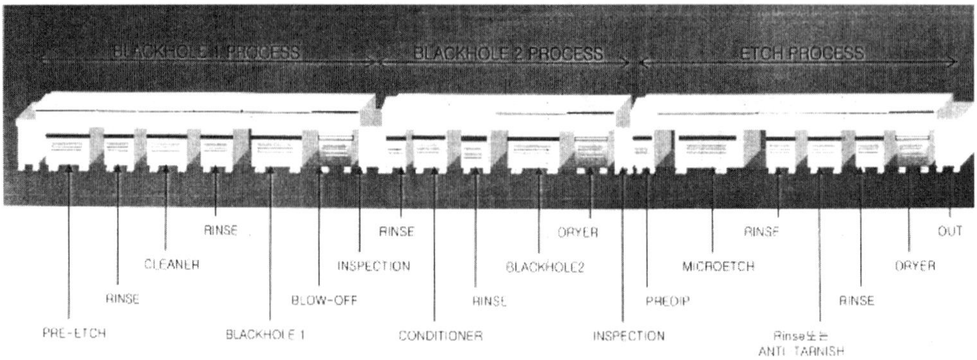

[그림 6-6] flexible PCB black hole process

③ 각 공정별 내용

· Pre-etch

드릴시 발생하는 Burr 및 내층 주9)nail head를 제거하여 Void 발생을 억제할 목적으로 처리한다. 약품 구성은 과수/황산 base로 immersion + Spray로 처리하며 처리할 Cu면적 대비하여 약품량을 자동으로 공급하는 System으로 되어있다.

· Cleaner

Cu표면을 세정하고 절연체를 Conditioning해주기 위해서 처리하며 수지면을 +전하로 전환해준다. 일반적으로 immersion처리에 초음파가 가세하여 효과를 극대화 시켜준다.

· Black hole 1

+전하화된 수지면에 +전하를 띈 Carbon입자를 1차 흡착시켜준다.

보통 Via flood bar 채용된 immersion 방식으로 처리하며 이 후 액절 및 카본 침전 방지 구조 후 Blow off로 건조된다.

· Conditioner

노출된 수지면에 2차로 +전하로 대전시킨다.

여기서도 Via flood가 채용된 immersion 방식으로 처리한다.

· Black hole 2

+전하로 대전된 노출 수지면에 2차적으로 -전하인 Carbon 입자를 재 흡착시켜 Carbon 흡착 두께를 높여준다.

주9) nail head는 다층 PCB의 내층에 드릴후에 발생하는 내층의 Burr라 할 수 있다. 못 대가리처럼 내층 접속 부위가 벌어져 발생한다.

여기서도 Via flood가 채용된 immersion방식으로 처리하고 액절 및 카본 침전 방지 구조가 적용되어 Blow off 건조된다.

- Blow off 건조

Black hole 처리된 흡착 카본이 홀 내벽에 견고히 흡착되도록 마지막 건조를 시켜준다.

- Micro etch

Cu 위에 흡착된 Carbon을 제거하기 위해 Micro etching 시킨다.

여기에 사용되는 약품은 황산/과수 type이며 Spray + immersion + spray System으로 진행되며, 약품량은 Cu 면적 기준으로 자동 공급되어 처리되며 filtering System이 필수이다.

- Anti – tarnish

Cu 및 Carbon의 산화방지를 목적으로 처리한다.

일반적으로 Spray System이 채택된다.

- 최종 건조

Cu 및 Carbon 금속 전체를 건조하기 위해 처리한다.

④ 화학동도금과 black hole 도금 방식의 비교

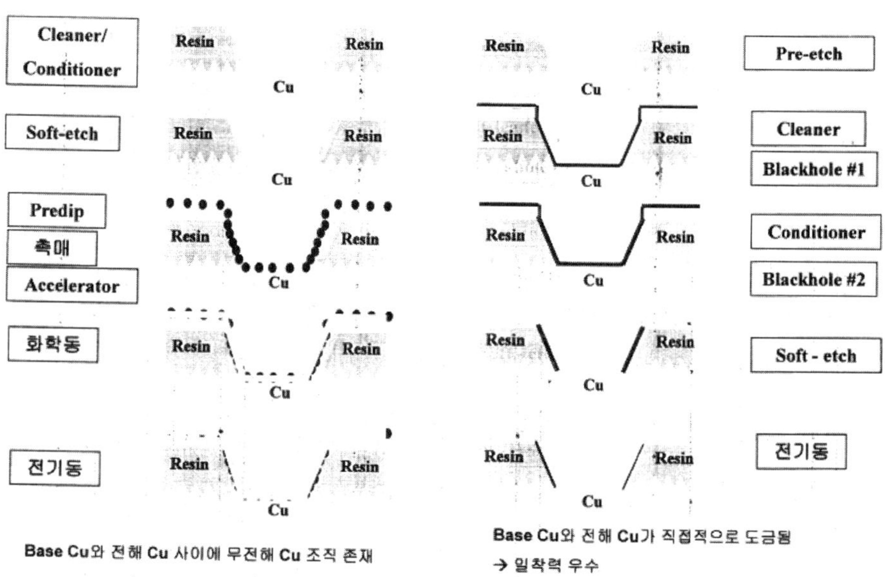

[그림 6-7] 화학동도금 Vs black hole 도금 방식 비교도

화학동　　　　Blackhole

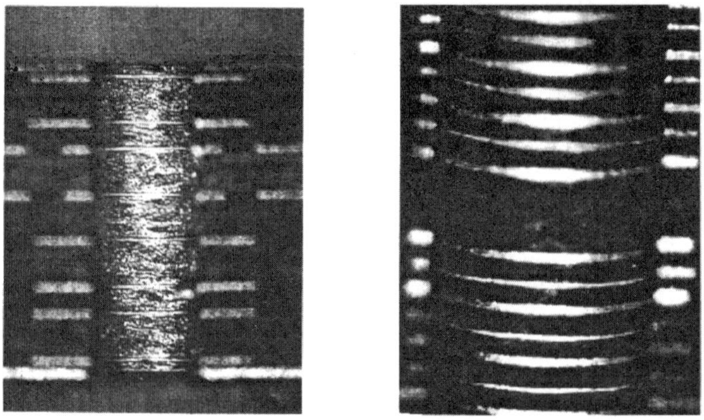

Inner layer Cu와 전해 Cu 사이에 무전해 Cu 조직 존재

Inner layer Cu와 전해 Cu가 직접적으로 도금됨 → 밀착력 우수

[그림 6-8] 화학동도금 Vs black hole 홀속 사진

⑤ Black hole의 장점

- 저비용
  - 、수평 화학동 투자 비용의 약 50%정도 비용이 소요된다.
  - 、화학동 대비 Running Cost가 80% 정도로 낮다.

    : 액의 안정성이 높고, Drag out량을 최소화하므로 소모량을 감소할 수 있다.
  - 、화학동 대비은 보통 3개월에 한 번 건욕을 하는 반면, Black hole은 최소 1년이상 사용 가능하다.
- 고 신뢰성
  - 、Base Cu와 전기동 사이에 높은 결함 신뢰성을 확보한다.

    : 화학동은 Base Cu와 전기동 사이에 Pd-Cu층이 존재하여 결합 신뢰성을 떨어뜨리지만 Black hole은 경계층이 없다.

    또한, 다층의 내층 및 BVH의 Capture Pad에서 도금 들뜸을 최소화 시킨다.
  - 、HDI 및 FPC PI 노출면에 화학동의 들뜸현상을 black hole을 근본적으로 예방시킨다.
  - 、도금 이물질 불량을 방지한다.

    : black hole의 최종 Micro etching 공정을 거치면서 이물질 불량 발생을 방지한다.
  - 、다양한 절면 재료의 대응성이 뛰어나다.

    : FR-4, high TG FR-5, halogen free, PI, BT, PTFE 등에 두루 적용이 가능하다.
- 고생산성
  - 、화학동 대비 50% 이하의 분석 항목수로 분석시간이 단축된다.
  - 、액 활성화 공정이 불필요하고 액 안정성이 높다.

、bath Life가 길다.

、액의 이송 및 Cleaning등의 생산 Loss율을 최소화 시킨다.

- 친환경성

、포름알데히드, 중금속 등이 없으므로 환경 개선이 가능하다.

、화학동 대비 10% 정도 적은 약품 사용량으로 오염을 최소화 시킨다.

- 작업성

、기계 조작이 간편하고 재 처리가 용이하다.

、Line 길이가 짧아 적은 공간에서 처리가 가능하다.

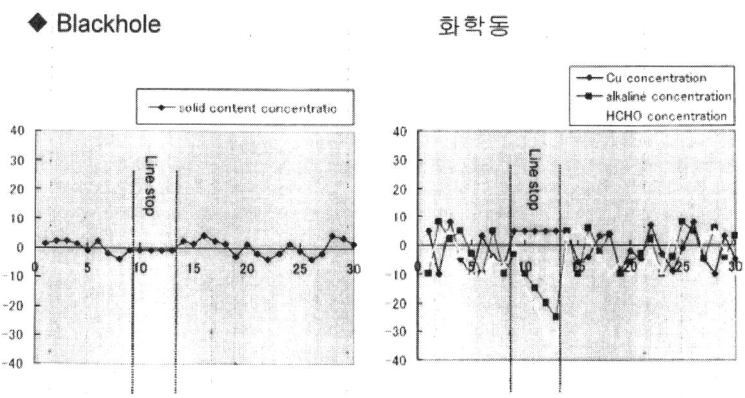

[그림 6-9] 액 안정성 graph

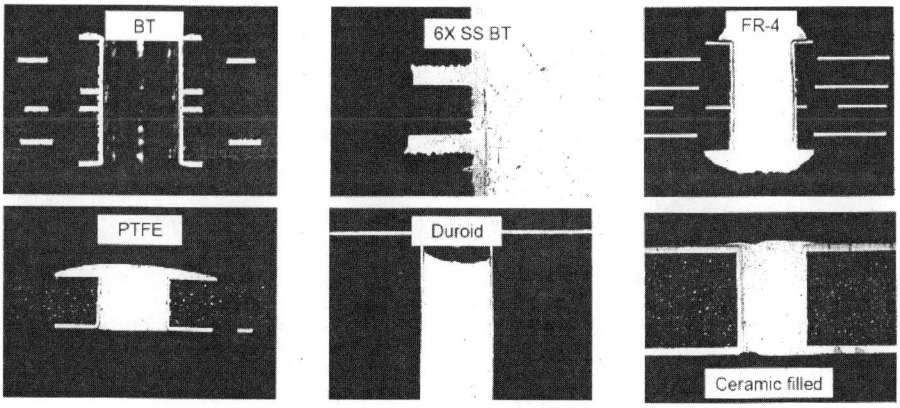

[그림 6-10] 다양한 절연 재료 대응성

6-2 Direct plating(Conductive Polymer)

6.2.1 개요

1) 기존의 Through hole process인 electroless Cu 도금은 formaline, cyan 등의 발암 물질 함유로 환경과 인체에 유해하다.

2) 그래서 Direct metalization을 도입하게 되었다. 그 종류로는

① pd type

② Carbon/Graphite type

③ Conductive Polymer(DMS-E) 등이 있고 Conductive Polymer type은 Des- mear를 포함하여 6 Step의 공정으로 수평 Line에서 10분 정도 소요되어 생산성이 높다.

6.2.2 Direct plating의 비교분석

1) DMS-E

① 절연체에만 Conductive Polymer가 Coating되고, Cu에는 Coating이 안 된다. ; initiator가 oxidizer로 작용한다.

Poly-EDT 도전 고분자의 형성

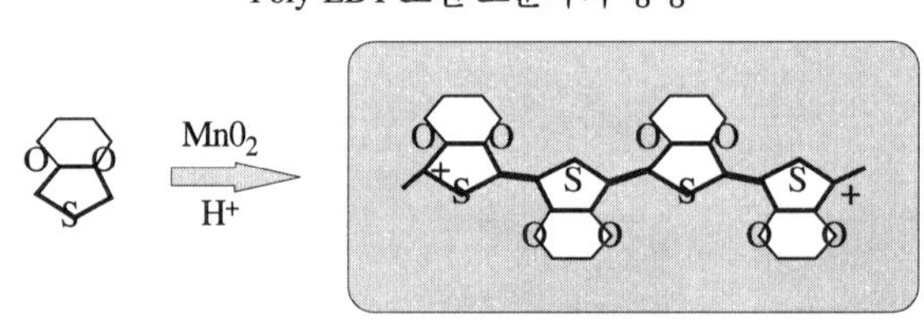

[그림 6-11] Conductive Polymer 형성 반응 원리

위 그림 6-11은 대표적인 Conductive Polymer 중 Poly-EDT 도전 Polymer가 Coating 되는 원리를 보여주고 있다.

② 일반 Pd 또는 Carbon은 Coating층중 Cu 층의 film을 cleaner 또는 micro etching으로 제거해야 한다. 이 때, 과도한 etching은 pd 또는 graphite 층을 절연체로부터 제거하여 ring void 또는 wedge void 등을 유발할 수 있다.

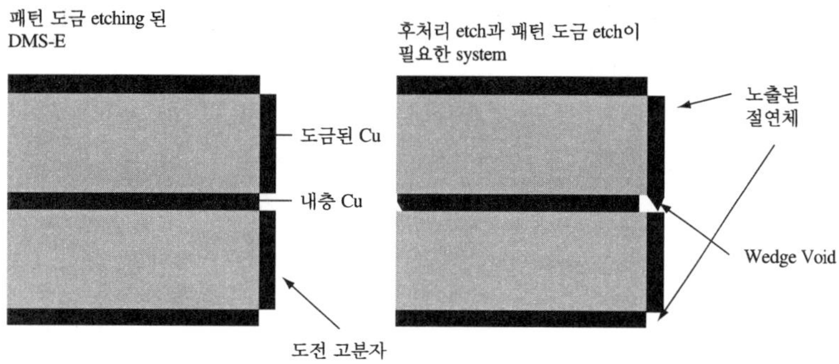

[그림 6-12] DMS-E와 일반적인 D·P(pd, Carbon 등)의 발생 가능한 홀 속 불량 유형들

위 그림 6 - 12의 오른쪽 그림이 D. P(pd, Carbon) 처리될 경우 발생 가능한 ring void, wedge void 등을 설명하고 있다.

③ DMS-E의 Conductive polymer Type은 일반 D. P에 비해 내층 접속 불량, 홀과 표면의 접촉 불량, Micro Via 홀 불량 등을 현격히 감소시켜 준다.

④ Conductive Polymer의 저항이 10kΩ 정도로 전기도금 시 균일한 도금이 가능하고 도금 수율을 향상시켜 준다.

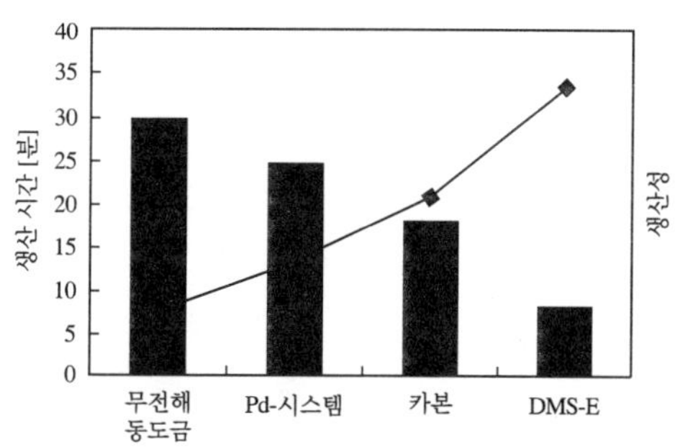

[그림 6-13] 여러 metalization type의 생산성 비교도

2) DMS-E process

① Conditioner

절연체 및 glass fiber 표면을 활성화시킨다.

② initiator(개시제)

Conductive Polymer 형성의 중요 Step으로

- resin/glass fiber 표면에 산화층을 형성시킨다.
- 산화층(manganese dioxide film)이 polymerization 반응에 결정적인 역할을 한다.

③ Catalyst

- monomer+유기산 Base로 구성되어 있다.

- manganese dioxide+monomer+유기산의 반응으로 이산화망간에 의한 Con- ductive Polymer가 형성이 된다.
  이 반응은 보통 60초 정도로 빠르다. 또한 초음파 등의 보조 장치를 추가하면 aspect ratio가 10:1 이상의 초 다층 PCB까지 무리 없이 처리할 수 있다.

④ initiator와 Catalyst 사이의 수세는 중요하다.
1차 수세는 manganese dioxide film 조절에 중요하고, 2차 수세는 내층 Cu 부위의 산화 제거를 위해 중요하다.

[도표 6-1] DMS-E의 공정 조건

공 정	온 도	수평 공정 시간
콘디셔너 7010	40°C	30초
수세	상온	15초
중성 과망간산 7020	80 ~ 90°C	45 ~ 60초
순환수세	상온	30초
촉매 7050	20 ~ 30°C	60 ~ 75초
수세	상온	15초
건조	90°C	45 ~ 60초

[도표 6-2] electroless Cu 도금 & Conductive Polymer Base의 D·M의 단가, 비용 비교표

디스미어 & 무전해 동도금 (수직 Line)	디스미어 & DMS-E (수평 Line)	수세와 소모량	Envision® TopCom (수평 Line)
10800 L/Hr	2520 L/Hr	수세	1260 L/Hr
64,800,000 L	15,120,000 L	수세량 L/년	7,560,000 L
777,600 NT$	181,440 NT$	수세 단자 NT/m^3	90,720 NT$
972,000 NT$	226,800 NT$	약품 처리 단가: 15 NT/m^3	113,400 NT$
648,000 NT$	151,200 NT$	슬러지 단가: 10 NT/kg	75,600 NT$
2,397,600 NT$	559,440 NT$	합계	279,720 NT$
0	49,680,000 L	무전해 동도금 대비 약품절 감량	57,240,000 L
0	1,838,160 NT$	무전해 동도금 대비 단가 절감액	2,117,880 NT$

3) Micro via 신뢰성 측면의 D·M

① Catalyst가 PH 2.5 정도의 낮은 산성의 표면 완충용액으로 되어 있다.

② monomer+manganese dioxide 반응이 신속하다.

③ micro via의 air bubble 포집 가능성이 거의 없어 1:0.5의 aspect ratio를 갖는 micro via에서도 뛰어난 도금이 가능하다.

다음의 그림 6 - 14, 그림 6 - 15, 그림 6 - 16은 모두 RCC로 Build up PCB의 층을 형성하여 Laser 드릴로 micro via를 형성하고, ∅별 D.M 적용 후 전기 동도금까지 진행하여 Throwing Power를 측정한 결과로써 아주 양호한 결과를 보여주고 있다.

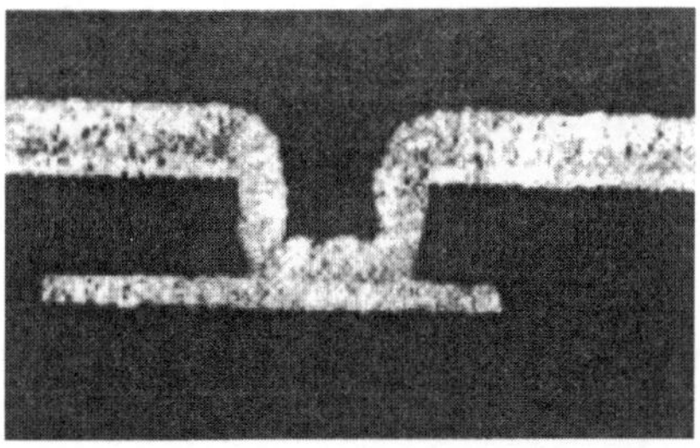

[그림 6–14] RCC에 Laser ∅ 0.1 드릴 된 micro via 홀에 D·M 도금 후 전기 동도금 된 모습 (aspect ratio=$\frac{0.05}{0.1}$, T.P: 85%)

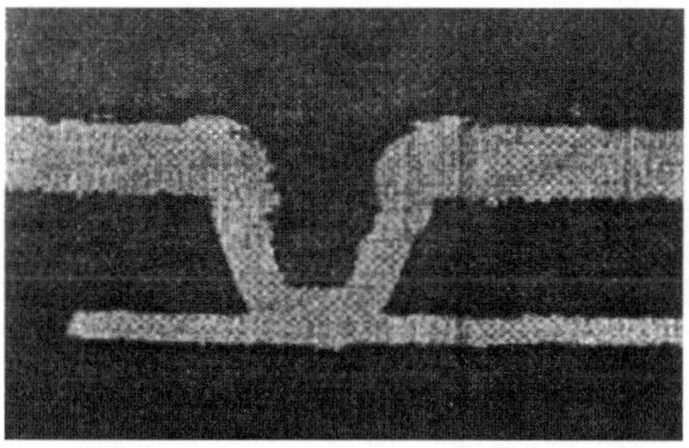

[그림 6–15] RCC에 Laser ∅ 0.08 드릴 된 micro via 홀에 D·M 도금 후 전기 동도금 된 모습 (aspect ratio=$\frac{0.05}{0.08}$, T.P: 85%)

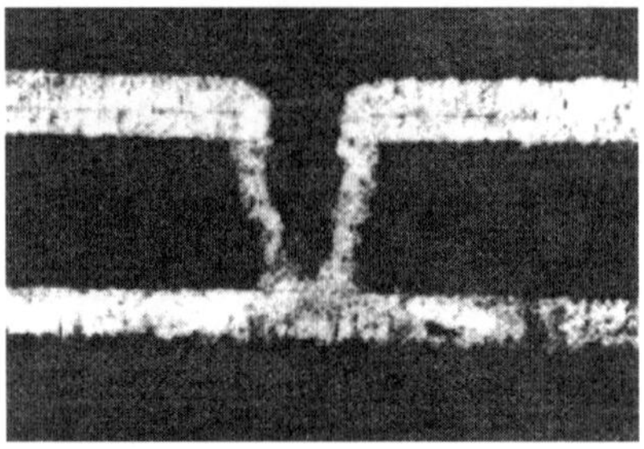

[그림 6-16] RCC에 Laser ∅ 0.05 드릴 된 micro via 홀에 D·M 도금 후 전기 동도금 된 모습 (aspect ratio=$\frac{0.06}{0.05}$, T.P: 60%)

6-3 Direct metalization(Graphite 분산 안정성, 도포, 도금 원리)

6.3.1 개요

1) 현재 Graphite colloid metalization은 PCB의 through hole 및 Blind via hole 도금용으로 확산중이다.
2) Graphite D.M은 균일한 전도성을 부여한다.

6.3.2 Technical data

1) Stability 원리

① 친수성 Colloides의 가장 중요한 관점은 입자 경계면과 용액 사이의 전기 전하 분리현상이다.
② 전하는 2중 구조이며 Zeta potential로 이 힘을 측정할 수 있고, graphite는 -전하와 binder를 생성시킨다.
③ Graphite 주변에는 + 전하가 걸려 강한 Stability가 형성된다.

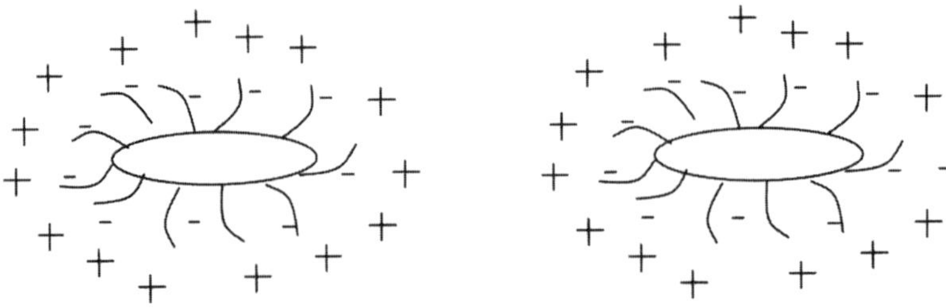

[그림 6-17] 다양한 절연 재료 대응성

④ 집합체에 대항하여 분산하기 위한 안정성을 주기 위해, colloides들은 침전물이 생성 되지 말아야 한다. 이것은 다음 법칙에 의해 계산할 수 있다.

$$V_\infty = \frac{2r^2(\rho - \rho)\,g}{9u}$$

V_∞ : 침전율 (cm/sec)

r : Particle의 반경

($r^2 = 3 \times 10^{-9}cm^2$)

ρp : Particle의 비중

(Graphite=$2.1g/cm^2$)

ρ : 용액 비중($\cong 1g/cm^3$)

g : 중력 가속도 (=$980cm/sec^2$)

μ : 용액 점도 (4 CPS)

ex) 1μm Graphite Particle 시 $V_\infty = 1.8 \times 10^{-8}cm/sec$

2) Coating 원리

Coating 공정은 다음과 같다.

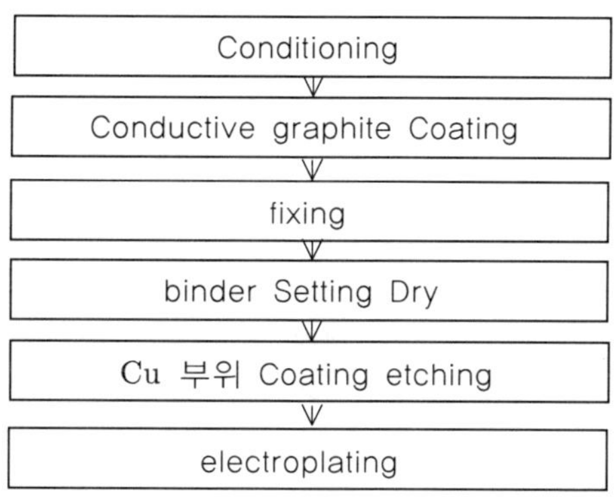

① Conditioning

- + 대전된 고 분자 혼합물로 홀 속을 + 전하로 유도한다.
- 홀 속과 표면 모두에 + 전하를 띤다.
- 대표적인 Conditioner agents

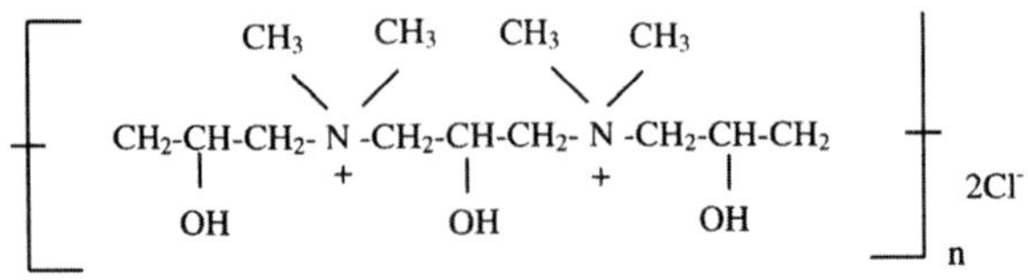

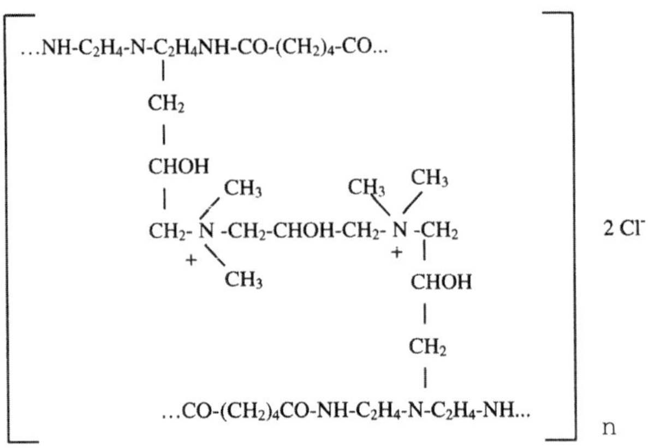

- 완벽한 Coating을 위해 polyelectrolytes가 선택된다.
- azotedidinium ion이 강한 Bonding Via 형성을 위해 다음과 같은 반응이 생성된다.
  azotedidinium function group

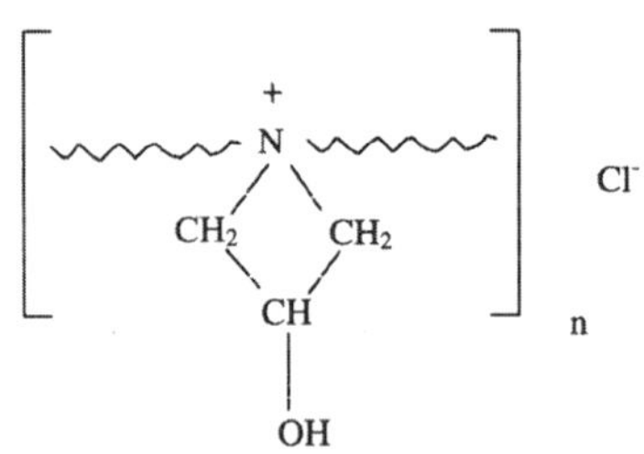

② Coating(Conductive graphite)

- colloid 형태의 graphite 용액(-대전된 particle)이 Conditioner로 + 대전된 홀/표면과 반응하여 중화되어 덩어리화 된다.

③ fixing

- binder 위의 Carboxyl group을 양성화하는 산성 용액으로 Zeta potential을 중화한다.

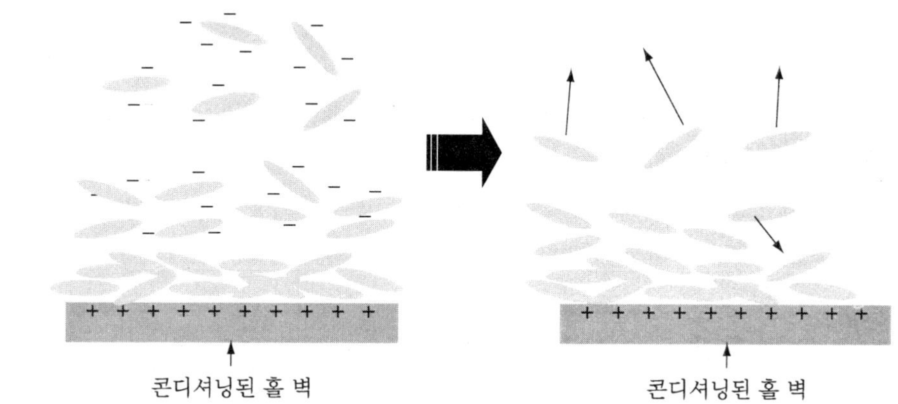

[그림 6-18] Coating in the fixer module

④ dry(binder Setting)

graphite Coating의 수분 방출, particle 정열, 접착력을 증강시키는 공정이다.

[그림 6-19] Drying the Conductive Coating

⑤ etching

Cu 표면의 graphite Coating 된 것을 제거하는 공정으로 Spray에 의해 micro etching을 한다.

⑥ Cu electroplating

graphite direct metalization 공정의 완성단계로 D.M 후 전기도금으로 홀 속을 완전하게 도금을 하는 것을 말한다.

■■■ 참고 문헌

- TPCA 2002 forum Proceedings, High Performance Multilayer Bonding system, harry yang, atotech USA Inc, 2002년
- TPCA 2001 forum Proceedings, The Performance of Different Type swellers in Desmear Process, Kuo – Hsing lan, Rockwood electrochemical asia Ltd, 2001년
- TPCA 2001 forum Proceedings, Electoless Copper plating, "Thru – cup pea" suited for Build-up Process applications, Yoshiyasu Kuwata, c.uyemura & co, Ltd. central research Lab. Osaka, 2001년
- TPCA 2002 forum Proceeding, Printoganth FF-the formaldhyde free. electroless copper process, Tom Thieme, atotech germany, 2002년
- TPCA 2002 forum Proceeding, a study of plating additives effect to the ductility of electrodeposited copper by Bulge test and SEM method, Calos po, atotech taiwan Limiwan Limitied co, 2002년
- TPCA 2002 forum Proceeding, The study of vertical pulse reverse plating on the think board and filling of through hole, Y.Y.Cheng, T.C.Yang, 2002년
- TPCA 2002 forum Proceeding, Electrolytic tin for high density PWB applications, Cheng-ta Hvang, Shipley Taiwan co. Ltd, 2002년
- TPCA 2001 forum Proceeding, Filling Micro-Via Theoretical and practical aspects, Bert Reents, Stephen Kenny, atotech Deutschland GmBH, 2001년
- TPCA 2002 forum Proceeding, plating Process for blind Micro-Via filling and through hole metalization, Reents, Kenny, atotech Deutschland GmBH, 2002년
- TPCA 2001 forum Proceeding, Application of Conductive Polymer on costs saving, Danny chiu, enthone, polyclad technologies, 2001년
- TPCA 2002 forum Proceeding, The chemical mechanisms of collodal Graphite metalization, Charles edwin thorn, Rockwood electrochemical asia Ltd, 2002년
- PC fab, January 1989, Optimizing the oxide Process, John Cordani, 1989년
- Circuit World Vol. 20 NO.4 1994, A. angsten – berger Cronotech, Schwäbish – Gmünd, Germany, 1994년
- Circuitree march, 2000 fine Line in high Yield(Part LⅢ Ⅱ): organic additives in copper Plating baths (Part Ⅱ), Karl H. Dietz, 2000년
- PC fab, January, 2000 Pulse Plating, Ronald Blake, Donald desalvo, Richard retallick, 2000년

저자약력

김형록

1989년 인하대 물리학과 졸업

1989~1996년 (주)한일써키트 기술부 근무

1997~1998년 영익무역(주) 기술영업팀장

1999~2000년 주양전자(주) 기술부장

2005년 청운대학원 공학석사학위 취득

2001~현재 혜전대학 디지털 전자디자인과 교수

정가 12,000원

PCB 표면처리 기술(상)

2012년 2월 10일 초판 인쇄
2012년 2월 20일 초판 발행
저　자 : 김형록
발행자 : 우명찬 · 송　준
발행처 : 홍릉과학출판사
주　소 : 서울시 강북구 인수동 455-60
142-885
등　록 : 1976년 10월 21일 제5-66호
전　화 : (02) 999-2274, 996-8341, 903-7037
팩　스 : (02) 905-6729
ISBN : 978-89-7283-798-5
e-mail: hongpub@hongpub.co.kr
http://www.hongpub.co.kr

저자와의 협의하에 인지생략